Bauforschung und ihr Beitrag zum Entwurf

Bauforschung und ihr Beitrag zum Entwurf

1993

 Verlag der Fachvereine Zürich

 B. G. Teubner Stuttgart

ID

Veröffentlichungen des Instituts für Denkmalpflege
an der ETH Zürich
Band 12

Vortragsreihe an der Abteilung Architektur der ETH Zürich
im Sommersemester 1991
Idee und Durchführung: Marion Wohlleben

Redaktion: Brigitt Sigel, Marion Wohlleben

Graphische Gestaltung: Fred Gächter, Oberegg

Lithos: Reprotechnik, St. Margrethen

Copyright 1993 by vdf Verlag der Fachvereine
an den schweizerischen Hochschulen und Techniken AG Zürich
und B. G. Teubner Stuttgart

Die Deutsche Bibliothek – CIP-Einheitsaufnahme

Bauforschung und ihr Beitrag zum Entwurf . – Zürich : Verl.
der Fachvereine ; Stuttgart : Teubner, 1993
  (ID ; Bd. 12)
   ISBN-13: 978-3-519-05034-6   e-ISBN-13: 978-3-322-82983-2
   DOI: 10.1007/978-3-322-82983-2
  NE: Institut für Denkmalpflege ‹Zürich›: ID

Der vdf dankt dem Schweizerischen Bankverein
für die Unterstützung zur Verwirklichung seiner Verlagsziele

Inhaltsverzeichnis

Vorwort 7

Marion Wohlleben
Einführung: Bauforschung und Entwurfsprozess – Gegensatz
oder Ergänzung? 9

Hans Rudolf Sennhauser
Bauforschung als Beitrag zur Stadt- und Siedlungsforschung 17

Gert Thomas Mader
Bauforschung und die Erkundung von Bauschäden 31

Johannes Cramer
Das veränderte Gebäude – Nutzung, Struktur, Materie 49

Manfred Schuller
Historische Bautechnik und Bauorganisation – Ergebnisse
moderner Bauforschung 67

Klaus Bingenheimer und Emil Hädler
Bauforschung als Grundlage für Bauplanung und Entwurf –
eine Herausforderung an die Kreativität? 93

Norbert Huse
Denkmalwerte im Stadtplanungsprozess: Berliner Eindrücke
und Erfahrungen 1991/92 105

Ausgewählte Literatur 123

Vorwort

Im Sommersemester 1991 veranstalteten Institut und Professur für Denkmalpflege der Eidgenössischen Technischen Hochschule in Zürich einen Vortragszyklus «Bauforschung – Methoden, Ziele, Ergebnisse und ihre Bedeutung für den Entwurf», dessen Texte in diesem Heft abgedruckt sind. Aufgabe von Vortragszyklus und Veröffentlichung war und ist zunächst naheliegend und einfach: Ein Standard von Bauuntersuchung, Baudokumentation und Bauforschung, wie er zunehmend als unerlässlich für den verantwortungsvollen Eingriff in das Denkmal erscheint, sollte einem Publikum vorgetragen werden, für welches dieser Standard und diese Rolle der Bauforschung noch weitgehend unbekannt war. Durch die Einladung der in diesem Heft präsentierten Referenten konnte darüber hinaus das Thema auf hohem internationalem Niveau behandelt werden.
Denkmalpflegeforschung und -lehre an einer Architekturschule wie der ETH sieht sich mit besonderen Fragen konfrontiert. So stellt sich, neben den «klassischen» Aufgaben von Inventarisation und Erhaltung, hier mit besonderer Intensität die Frage, in welcher Form die im Denkmal buchstäblich greifbare Geschichte bereichernden Eingang in die architektonische Zukunft, also in Entwurf und Ausführung finden kann – deshalb der für manche vielleicht ungewohnte Titel. In einer Zeit, in der mancherlei Umgang mit der Geschichte für den architektonischen Entwurf zwar in Anspruch genommen wird, für die Erhaltung der Baudenkmäler aber gar nichts leistet, sollte diese Möglichkeit von Partnerschaft zwischen Denkmal und neuer Architektur, Denkmalforscher und Architekten (oft beide Rollen in einer Person vereint!) verdeutlicht werden.

In diesem Zusammenhang sei zunächst meinen Kollegen von der Architekturabteilung gedankt, die diese Form des Zusammenwirkens inhaltlich und durch die finanziellen Beiträge ihrer Lehrstühle mitgetragen haben: Mario Campi, André Corboz, Alexander Henz, Herbert Kramel, Paul Meyer und Manfred Nussbaum. Besonderer Dank gebührt natürlich den Referenten, in der Mehrzahl Architekten, nicht nur für ihre Texte, sondern auch dafür, dass sie in ihrer sonstigen Arbeit den Anspruch, der im Titel dieser Publikation liegt, so reich einlösen. Besonderer Dank gilt meiner Oberassistentin, Marion Wohlleben, die die Reihe konzipiert und es erreicht hat, dass eine Gruppe so hervorragender Referenten sich in das Gefäss unserer Veranstaltung ordnen liess. Für die Mühe der Veröffentlichung, die auch bei noch so guten Texten unvermeidlich gross ist, gebührt gleicher Dank Brigitt Sigel, in deren Händen wiederum die Redaktion dieses Heftes lag. Auch bei diesem Projekt war uns die Schulleitung der ETH hilfreich gewogen durch die Mitfinanzierung der Vortragsreihe und der Publikation. Ebenfalls herzlich gedankt sei dem Verlag der Fachvereine für die angenehme und kompetente Verlagsarbeit, Fred Gächter, Oberegg, für die graphische Gestaltung und den Firmen Reprotechnik, St. Margarethen und Sticher Printing, Luzern, für die technische Herstellung unserer Publikation.

Danken möchte ich zum Schluss, um an diese alte Funktion eines Vorwortes anzuknüpfen, der unbekannten Leserschaft, die beitragen will, den zerstörenden und auch kreativ unsinnigen Widerspruch von Erhalten und Gestalten in Theorie und Praxis aufzulösen.

Georg Mörsch
Institut für Denkmalpflege, ETH Zürich

Marion Wohlleben

Einführung
Bauforschung und Entwurfsprozess – Gegensatz oder Ergänzung?

Die Idee, eine Vortragsreihe zum Thema Bauforschung im Dialog mit Lehrstühlen, vor allem Entwurfslehrstühlen der Abteilung Architektur an der ETH zu veranstalten, entstand aus dem Wunsch, zwei so eng aufeinander bezogene und angewiesene Bereiche der Architektur sowie einige ihrer Protagonisten besser miteinander bekannt zu machen.
Zwar scheint der Begriff «Bauforschung» für die meisten Architekten eher ein Fremdwort, bestenfalls aber ein Spezialgebiet zu sein, das mit ihnen nichts zu tun hat. Sieht man jedoch, mit Cramer, die hier im Mittelpunkt stehenden Methoden der praxis- und entwurfsbezogenen Bauuntersuchung als «notwendige Voraussetzung für einen geordneten Entwurfsprozess in einem bestehenden Bauwerk» an, dann ist es mehr als nur wünschenswert, wenn Bauforschung und Bauentwurf nicht länger neben- oder gegeneinander, sondern miteinander arbeiteten.

Semester- und Diplomarbeiten der vergangenen Jahre haben gezeigt, dass der (schonende) Umgang mit historischer Bausubstanz in der Entwurfsausbildung so gut wie keine Rolle spielt. Die Bestandsanalyse gehört zwar zu jedem ordentlichen Entwurf und auf sie wird selbst dann nicht verzichtet, wenn eine bestehende Situation – zu Übungszwecken – grundlegend verändert und faktisch als tabula rasa behandelt wird. In den meisten Fällen erweist sich eine solche Analyse jedoch als reine Pflichtübung; entweder sie bleibt ohne erkennbare Relevanz für den Entwurf oder sie wird vom vorgängig gefassten Entwurfskonzept derart beeinflusst, dass von einer objektbezogenen und objektiven Untersuchung des Bestandes und seiner Umgebung nicht die Rede sein kann. Und werden dem «Ort» auch gewisse Qualitäten zuerkannt, so ist das kaum je ein Grund für seine Erhaltung, immer jedoch für eine «Intervention». Das «schonungslose» Verhalten gegenüber alten Bauten hat verschiedene Gründe. Auf der theoretischen Ebene scheinen mir zwei besonders wichtig: Ein problematisches und verkürztes Verständnis von Analyse (oder Forschung) auf der einen Seite, wie es von theoretisch ambitionierten Architekten häufig propagiert wird und das Analyse und Entwurf miteinander gleichsetzt beziehungsweise den Entwurf als eine, oft sogar als einzige *analytische Methode* ansieht, und auf der anderen Seite die Hierarchie der Bewertungskriterien für die Aufgaben des Architekten sowie für die Qualität von Architektur. In diesem Architekturverständnis, das allein diesen Namen zu verdienen und für das überhaupt der Einsatz des Entwerfers sich zu lohnen scheint, haben formale und ästhetische (Typologie, Geometrie, Volumetrie, Struktur, Ordnung, Analogie), sodann wirtschaftliche und technologische Gesichtspunkte den Vorrang vor der Frage nach den positiven Eigenschaften einer bestehenden Situation. Unter den entwurfsrelevanten Kriterien rangiert, wenn überhaupt, die historische Bedeutung oder eine andere Eigenschaft, die die Erhaltung von Bestehendem rechtfertigen könnte, so weit hinten, dass sie praktisch nicht berücksichtigt wird. Erhaltung, so scheint es jedenfalls, ist in den Augen vieler Architektinnen und Architekten das genaue Gegenteil von dem, was sie unter Bauen, Entwerfen und Architektur verstehen – eine Ansicht, der die Autoren dieses Bandes heftig widersprechen würden, denn für sie ist die entwerferische Kreativität nicht an den grossen Massstab gebunden, es gibt sie durchaus im kleinen.

Denkmalbehörden fordern inzwischen vor dem Umbau eines Baudenkmals eine genaue Voruntersuchung, die jedoch bisher nur von wenigen Spezialisten ausgeführt werden kann. Das normale Architekturbüro, das mit einem

Umbau beauftragt wird, ist mit den Methoden der Bauaufnahme nicht vertraut, sondern es übernimmt die Pläne vom Bauforscher, der das Haus, seine Geschichte und seine konstruktiven Eigenschaften oft sehr viel besser kennt als der planende Architekt. Es scheint sogar, als wenn diese «Arbeitsteilung» gar nicht unbedingt als Mangel empfunden wird, denn eine bestimmte entwerferische Tugend legt es geradezu nahe, dass an eine Bauaufgabe möglichst «unbeeinflusst» herangegangen wird – was sich offenbar aber nur auf gewisse Aspekte beziehen kann, denn das Zitat und die Analogie sind ja vielfach durchaus akzeptierte Entwurfskomponenten. Diese Trennung hat es nicht immer gegeben.

Seit Gottfried Semper und der Gründung der ETH im Jahr 1855 gehörte die zeichnerische Aufnahme historischer Architekturen ebenso zur Ausbildung von Architekten wie Studienreisen, auf denen Stil und Konstruktion von Bauten des Mittelalters, der Renaissance und später der Antike studiert wurden. Neben den Bauaufnahmen hatte das Zeichnen von Bauten und Landschaften einen festen Platz im Lehrplan. Die Zeichentechnik stand im Zentrum des ersten Studienjahres. Konstruktionszeichnen, architektonisches Zeichnen, Landschaftszeichnen und Figurenzeichnen – damit wurden unterschiedliche Ziele verfolgt: die handwerkliche Fertigkeit einerseits sowie die archäologisch genaue Bauaufnahme für die zeitgenössische historische Forschung andererseits[1].
Ebenfalls in der Aera Semper wurden zweijährige «Preisaufgaben» unter den Studenten ausgeschrieben, die eine neue Bauaufgabe, eine Bauaufnahme oder einen Restaurierungsvorschlag für ein historisches Gebäude zum Thema hatten.
Freilich hatte das Vermessen und Zeichnen von antiken und mittelalterlichen Bauten für die Studenten im 19. und frühen 20. Jahrhundert in erster Linie den Sinn, historische Konstruktionen und Stile kennenzulernen. Eine weitere Funktion dieser Beschäftigung mit dem Altertum lag in der Übernahme der alten Stile für eigene architektonische Entwürfe – angefangen bei der griechischen Baukunst durch die Architekten des Klassizismus, über die verschiedenen Neostile im Historismus bis zur nochmaligen Adaption dieser Stile in der Gründerzeit. Und schliesslich stand dahinter auch die Absicht, die Monumente – auf dem Papier oder tatsächlich – zu restaurieren und auch zu rekonstruieren, was während des gesamten 19. Jahrhunderts gemeinhin als *die* Aufgabe der Denkmalpflege angesehen, was jedoch besonders von John Ruskin seit der Mitte des Jahrhunderts bereits vehement kritisiert und gegen das substanzerhaltende Konservieren abgesetzt wurde.

War hundert Jahre nach Semper, zur Zeit von Hans Hofmann, im inzwischen von sechs auf sieben Semester verlängerten Architekturstudium an der ETH die Anzahl der Pflichtfächer von 13 auf 16 und der Unterrichtsstunden von 176 auf 249 angewachsen, so spiegeln sich darin die Notwendigkeit zur Lösung neuer Bauaufgaben nach einer Zeit der Mangelwirtschaft in der Folge zweier Weltkriege sowie quantitative und qualitative Veränderungen in Bautechnik und Bauwirtschaft. Unter diesen Umständen und nachdem in den fünfziger Jahren noch genügend stadtnahes Bauland zur Verfügung stand, das Bauen also buchstäblich auf der grünen Wiese stattfand, konnte man die wissenschaftliche Beschäftigung mit älterer Architektur getrost den Altertumsforschern überlassen.
Heute aber steht bereits die Hälfte aller Baumassnahmen in einem gebauten Zusammenhang, «im Bestand», und dadurch ist es wichtiger denn je, bereits in der Ausbildung darauf vorzubereiten, dass Altbauten notwendige und zugleich interessante Aufgaben bieten, dass sie jedoch andere Anforderungen an die Baufachleute stellen als das Neubauen. Viele Kenntnisse lassen sich erst in der Praxis erwerben, aber es gibt durchaus auch Lehr- und Lernbares auf dem Gebiet der *vorbereitenden Bauuntersuchung*, das dazu beiträgt, langwierige und vor allem verlustreiche Lernprozesse abzukürzen oder zu vermeiden.

Die Arbeitsmethoden der Bauforschung wie Beobachtung, Vermessung, Darstellung, Interpretation und Bewertung wurden von der Erforschung der antiken Monumente und mittelalterlichen Kirchenbauten abgeleitet, weiterentwickelt und auf die Erfordernisse ganz normaler Profanbauten zugeschnitten. Zudem wurden auf dieser Basis inzwischen vielfältige Erfahrungen gesammelt, unterschiedliche Sanierungsmöglichkeiten von Bauschäden und substanzschonende Eingriffe erprobt, und es darf wohl von einer eigenen und nebenbei ganz beeindruckenden Disziplin gesprochen werden, die für Forschung und Bauprozess gleichermassen relevante Ergebnisse vorzuweisen hat.

Im Unterschied zur rein historisch-wissenschaftlich motivierten Bauforschung, wie sie zum Beispiel die Hausforschung oder Gebäudetypologie darstellen, versteht sich die hier vorgestellte Disziplin als anwendungsbezogen, denn sie lässt sich bei der Auswahl ihrer Objekte und der Formulierung ihrer Aufgaben nicht von privater oder wissenschaftlicher Neugier leiten, sondern, im engen Dialog mit der Denkmalpflege, von der Notwendigkeit eines Eingriffs. Dass bei dieser «angewandten Bauforschung» immer auch neue Erkenntnisse ans Tageslicht gefördert werden, die ganze Wissenschaftszweige, allen voran die Kunst- und Architekturgeschichte, zur Überprüfung, oft auch zur Revision bisheriger Lehrmeinungen veranlassen, ist freilich mehr als nur ein Nebenprodukt: Viele Untersuchungen im Bereich der Bauforschung der vergangenen Jahre haben die Historiker mit neuen Daten zur Stadtgeschichte, zur Bauzeit von Häusern oder Bauteilen oder mit Fakten über konstruktive und technische Lösungen konfrontiert, die auf anderem Weg nie hätten beschafft werden können.

Die Autoren und ihre Themen

Alle in diesem Band versammelten Beiträge machen über ihr eigentliches Thema hinaus deutlich, wie unerwartet und reich der Ertrag an bau- und kulturgeschichtlichen Erkenntnissen als Ergebnis genauer Untersuchungen sein kann. Allerdings stellt, wie schon gesagt, nicht das Sammeln von neuen Erkenntnissen das erste Motiv für die Arbeit der Bauforscher dar. Zweifellos schafft aber die Kenntnis verborgener historischer Zeugen und Spuren die materielle und argumentative Voraussetzung für einen rücksichtsvollen und substanzschonenden Umgang mit ihnen.

Zum anderen wird in den Architektenbeiträgen gezeigt, wie nur durch derartige Untersuchungen Eingriffe – in mehrfacher Hinsicht – besser abgesichert und gravierende Fehler vermieden werden konnten.

Vier der eingeladenen Referenten sind Architekten, zwei sind Kunsthistoriker. Welche Schwerpunkte und Spezialisierungen jeder einzelne vertritt, ist ihren Beiträgen zu entnehmen. Alle, Architekten wie Historiker, sehen ihre Aufgabe in der systematischen, möglichst alle zugänglichen Informationen berücksichtigenden Erforschung der Geschichte des Gegenstandes, um dessen Erhaltung oder Veränderung es geht. Dieses gesammelte Wissen stellt die oft notwendige Voraussetzung für eine denkmalpflegerisch verantwortbare Entscheidungen dar. So gut wie alle angeführten Architekturbeispiele kommen sozusagen aus erster Hand, wurden also von den Autoren selber untersucht. Mit der Erforschung in Theorie und Praxis befassen sich alle Autoren und alle sind darüberhinaus mit der Vermittlung ihrer Erkenntnisse an einer Universität beauftragt.

Die als Bauforscher arbeitenden Autoren wollen sich nicht einseitig auf die Forschung reduzieren lassen, noch halten sie diese Arbeit für unkreativ; sie nehmen Kreativität aber auch für die Entwicklung eines originellen und angemessenen Massnahmenkonzeptes in Anspruch, für die Entwicklung einer konstruktiven Lösung oder für den Entwurf eines notwendig gewordenen Details; Bingenheimer und Hädler machen dies explizit zum Thema.

Das Vortragsprogramm im Sommersemester 1991 sah sechs Einzelvorträge mit verschiedenen Schwerpunkten wie Konstruktion, Bautechnik, Bauökonomie, Baustoffe, Bauschäden etc. vor, die sowohl in ihrer historischen als auch in ihrer aktuellen Dimension zur Sprache kommen sollten. Gleichzeitig war die Vortragsfolge als Bogen gedacht vom Grösseren und Allgemeineren (Stadt, Siedlung) hin zu den Einzelobjekten und am Schluss zurück zum Blick auf Grundsätzliches sowie auf die Probleme bei der Sicherung historischer Spuren im grossstädtischen Massstab (München, Berlin). Die Vertreter der entsprechenden Lehrstühle an der Abteilung Architektur, Mario Campi, André Corboz, Alexander Henz, Herbert Kramel, Paul Meyer und Manfred Nussbaum, hatten ihre Unterstützung und Teilnahme an der Diskussion spontan zugesagt und durch ihre Gegenwart eine – wenn auch kleine – fächerübergreifende Lehrveranstaltung mit Diskussion ermöglicht. Die Vorträge liegen nun in der Überarbeitung durch die Autoren gedruckt vor.

Einleitend erörtert *Hans Rudolf Sennhauser*, namhafter Vertreter der Mittelalterarchäologie in der Schweiz, unter dem Titel «Bauforschung als Beitrag zur Stadt- und Siedlungsforschung» anhand verschiedener siedlungsgeschichtlicher Funde die Aufgaben, Möglichkeiten und Ergebnisse, die diese Disziplin, aus der sich die angewandte Bauforschung ableitet, zur allgemeinen Kulturgeschichte beizutragen hat. Als konsequenter Historiker beginnt Sennhauser mit einem Abriss der Geschichte der eigenen Disziplin, der Bauarchäologie, und ihrer diversen Arbeitsgebiete.
Nachdem die Bauarchäologie die Fragestellungen, denen sie grabend und forschend nachgeht, quasi autonom definiert, entfällt für sie ein direkter Auftrag an die Denkmalpflege oder an die Architekten, noch hat aus ihrer Perspektive das Erhaltungspostulat der Denkmalpflege erste Priorität, denn das steht, mit Mader zu sprechen, nicht selten der «Interessenspolitik der Archäologie» im Wege. Wo die Zielformulierungen zweier historischer Disziplinen derart miteinander kollidieren können, muss die Abwägung der Güter natürlich in jedem Einzelfall mit besonderer Sorgfalt und grosser Verantwortung erfolgen.

Gert Thomas Mader, der die Methoden der klassischen Bauforschung mit dem *verformungsgerechten Bauaufmass* auf den nicht-antiken Profanbau übertragen und für die Denkmalpflege weiterentwickelt hat, bezeichnet in seinem Beitrag «Bauforschung und die Erkundung von Bauschäden» die Bauforschung als «Hilfswissenschaft der Denkmalpflege», die im Dienst der «historischen Wirklichkeit des Denkmals» stehe.
In diesem Sinn Bauforscher der ersten Stunde, der die Entscheidungen der staatlichen Denkmalpflege zu vertreten hat, behandelt er Probleme, die in der Praxis zwischen den verschiedenen Fachleuten und Interessenvertretern auftreten. Die an sich erfreuliche Tatsache, dass sich inzwischen Vertreter verschiedener Spezialdisziplinen der Altbauten annehmen, darf nämlich nicht darüber hinwegtäuschen, dass darin neue Gefahren liegen. Besonders die Verselbständigung einzelner Methoden und Erkenntnisse kann im konkreten Fall zur falschen Entscheidung führen. Am Beispiel der Schadenserhebung wird gezeigt, dass wertvolle Einzelerkenntnisse denkmalpflegerisch sinnvoll, das heisst im Sinn des Objekts, nur dann sind, «wenn sie in konservatorische Kenntnisse und Arbeitsprinzipien eingebunden» werden. Mit Blick auf die eigenen Kollegen warnt Mader – wohl aus guten Gründen und schlechten Erfahrungen – davor, die «baugeschichtliche Analyse und Bewertung» durch die Handhabung des technischen Instrumentariums zu ersetzen oder Sanierungsmassnahmen *allein* von Schadensbefunden abzuleiten.
Eine weitere Quelle für falsche Entscheidungen scheint sich in der Anwendung «pauschaler Grundsätze» und schematischer Lösungen zu verbergen. So unterschiedlich jeder einzelne «Fall» sich darstellt, so differenziert muss offenbar auch die Qualifikation all jener sein, die mit historischen Bauten zu tun haben, und Eigenschaften umfassen wie Sachkompetenz und Erfahrung, Augenmass und Sensibilität sowie die Fähigkeit in Varianten zu denken, während Routine und eine gewisse Art von Effizienz und Konsequenz der Individualität des alten Hauses eher schaden können.

Johannes Cramer hat für seine Tätigkeit, der auf den Ergebnissen von Bauforschung aufbauenden Entwurfsarbeit, den Begriff des wissenschaftlichen Entwerfens geprägt. «Wissenschaftlich» ist dabei der analytische Prozess, während der Prozess des Entwerfens als «geordnet» bezeichnet wird. Die aus der Analyse des Bestehenden entwickelten entwurfsrelevanten Kriterien sind im Unterschied zum «freien», assoziativen, ungebundenen Entwerfen in vielfältiger Weise mit dem analysierten Gegenstand verknüpft, was nicht zu einem zwangsläufigen, wohl aber zu einem sinnfälligen und nachvollziehbaren Ergebnis führen soll und offenbar auch kann. So wird auch von dem Architekten Cramer die Frage, ob die Anerkennung von geschichtlichen Bindungen die Kreativität des Architekten beeinträchtige, eindeutig negativ beantwortet.

Cramers Beitrag «Das veränderte Gebäude – Nutzung, Struktur, Materie» geht von der Beobachtung aus, dass Bauten früher meistens nicht «von Grund auf» wie heute verändert wurden, sondern nur soweit als unbedingt erforderlich. Massvolles Verändern und Weiterbauen von Bestehendem im Sinn von Hinzufügen statt Abbrechen kann aus der jahrhundertelangen Geschichte des Bauens als verbreitete Haltung abgeleitet und mit verschiedenen Argumenten auch für die Gegenwart postuliert werden. Erstens sind wir nur dank dieser Haltung früherer Generationen noch heute in der Lage, Erkenntnisse *an den Objekten selbst* zu gewinnen und zu *erleben*. Zweitens haben einige Motive heute zwar nicht gerade Konjunktur, wohl aber immer noch Geltung; gemeint sind insbesondere der Respekt vor den Leistungen der Vorfahren sowie der vorwiegend ökonomisch motivierte, sparsame Umgang mit Baumaterialien.

Inzwischen sind wir wohl gezwungen, diese belegbaren historischen Beweggründe für eine schonungsvolle Behandlung bestehender Bauten um ein wichtiges Motiv zu ergänzen, die ökologische Einsicht in die globale Ressourcenknappheit – und die ist auch auf die *Geschichte* zu beziehen, die nicht länger als «Steinbruch» ausgebeutet werden kann, denn auch sie ist eine wertvolle, *nicht ersetzbare und nicht erneuerbare Ressource*.

Manfred Schuller, der das verformungsgerechte Bauaufmass unter Berücksichtigung moderner Medien für die Lehre adaptiert hat, stellt unter dem Titel «Historische Bauformen und Bauorganisation – Ergebnisse moderner Bauforschung» den engen und notwendigen Zusammenhang von Konstruktion und Entwerfen in den Vordergrund seines Beitrages, den er wie Cramer bewusst mit der derzeitigen Ausbildungssituation von Architekten an den Technischen Hochschulen konfrontiert. Am zeitgenössischen wie am historischen Architekturgeschehen gleichermassen interessiert, kann er zeigen, dass Bauforschung der rein formalen Architekturbetrachtung Wesentliches entgegenzusetzen hat. So können durch Bauforschung erhaltene Kenntnisse über historische Konstruktionen nicht ohne Einfluss auf das bisherige Architekturverständnis bleiben.

An spektakulären Bauten, wie der Würzburger Residenz und dem Dogenpalast in Venedig, exemplifiziert Schuller die enge Verbindung von Idee, Entwurf und konstruktiver Leistung, wie sie gute Architektur auszeichnet. Die heute üblich gewordene Arbeitsteilung im Bauplanungsprozess dagegen lasse dem Architekten kaum eine andere Rolle als die des Produktdesigners, eine Reduktion des Berufsverständnisses, die für Schuller eine «fatale» Entwicklung darstellt. Für ihn ist «Bauen» denkbar nur als Entwurf *und* Konstruktion und stellt komplexe Anforderungen an Architekten: Das Verständnis für die Bauaufgabe erfordert den Generalisten. Mit dem Berufsverständnis wird gleichzeitig die Ausbildung kritisiert, die den aktuellen Aufgaben, wie sie zum Beispiel durch den Altbaubestand formuliert werden, nicht immer angemessen ist.

Die Bauforschung liefert indes nicht nur Erkenntnisse über technisch-konstruktive Lösungen und Leistungen; es können auch Aufschlüsse über den historischen Entwurfsprozess, die Planungsmethoden oder sogar die Bauorganisation vergangener Epochen gewonnen werden, die ihrerseits unschätzbares sozialgeschichtliches Wissen darstellen. Und schliesslich ist die Bauforschung natürlich auch für Schuller der einzig sichere Weg, bei Umbauten «Katastrophen» zu vermeiden, im statisch-konstruktiven Sinn wie im Sinn eines permanenten Geschichtsverlustes.

Klaus Bingenheimer und *Emil Hädler* haben ihren Vortrag zum Anlass genommen, die Erfahrungen der letzten Jahre (selbst-)kritisch zu überprüfen und sie stellen mit ihrem Beitrag «Bauforschung als Grundlage für Bauplanung und Entwurf – eine Herausforderung an die Kreativität?» ihre Bilanz zur Diskussion. Ihr beruflicher Standort lässt sich wohl mit «zwischen den Stühlen» am besten charakterisieren, zwischen Bauforscher und planendem Architekt, aber auch zwischen Wissenschaftstheorie und Baupraxis, um einige ihrer Arbeitsschwerpunkte zu nennen. In ihrer bewussten Widersprüchlichkeit sind die Eingangsthesen über die Rolle des Architekten in der Bauforschung so irritierend wie originell, denn sie erweitern den engen fachlichen Diskussionsrahmen durchaus konstruktiv. Die hier leider nicht reproduzierbare Präsentation des Diavortrages – mit verteilten Rollen – deutete auf die unkonventionelle Art der Auseinandersetzung mit aktuellen Problemen hin.
Und so ist der Beitrag dezidiert nicht als Vorführung gebrauchsfertiger Rezepte angelegt, keine Erfolgsschau, sondern eher der Versuch einer Annäherung an ein neues Aufgabenverständnis. Verunsichernd, wenn man meinte, verstanden zu haben, wie Bauforschung funktioniert, kann die These sein, dass die Arbeit von Bauforschern nie mehr als «kritischer Dilettantismus» sei. Aber *ihr* Dilettant erhält keinen Freibrief zu tun, was ihm gefällt, Freiheit ist nicht Synonym für Unbekümmertheit, im Gegenteil. Das «gesamte verfügbare Wissen» bleibe von ihm zu erschliessen und er sei den «Objekten seines Interesses mehr verpflichtet als seinen eigenen Meinungen, Neigungen und Wünschen».
Geradezu provokativ in der Argumentation von Bauforschern können Begriffe wie Intuition und Kreativität wirken, zumal wenn sie eine so zentrale Rolle spielen wie hier. Doch die Aufforderung an Kolleginnen und Kollegen, festgefahrene Einstellungen und liebgewonnene Vorstellungen sowie Sprachregelungen und Abgrenzungen zu überdenken, um einem «nicht begrenzten», dafür leisen und nuancierten Kreativitätsbegriff Raum zu geben, ist als kritische Sicht aus den eigenen Reihen und als Angebot zu verstehen, die Diskussion darüber wieder zu eröffnen. Die wäre inzwischen wohl auch anders zu führen als noch vor hundert Jahren, zur Zeit der «Stilkunst», als Kirchen von «Gotikern» purifiziert und im «Geist der Alten» wieder hergestellt wurden.
Ein gewisser skeptischer Unterton im Beitrag stellt nicht etwa den Sinn von Bauforschung, Denkmalpflege oder Bauen im Bestand grundsätzlich in Frage, wohl aber die letztlich unhistorische Vorstellung, eine Entscheidung könne grundsätzlich, also ein für allemal, richtig oder falsch sein. Es geht den Autoren also um die Relativität von Entscheidungen und um die Einsicht, selbst Teil des historischen Prozesses zu sein. Diese Einsicht mahnt sie zur Bescheidenheit und erinnert an die Verpflichtung gegenüber der Geschichte.

Nachdem *Norbert Huse* bereits 1988 anlässlich einer Berliner Ausstellung auf die Bedeutung und Gefährdung von unbequemen und ungeliebten, alles in allem jedoch eher vernachlässigten als verschmähten Baudenkmälern aufmerksam gemacht hat, lenkt er nun mit seinem Beitrag «Denkmalwerte im Stadtplanungsprozess» unser Interesse auf Objekte, die alles andere als Gleichgültigkeit hervorrufen. Es sind dies Bauten, die von den Nationalsozialisten einerseits und von den Machthabern des DDR-Regimes andererseits hinterlassen wurden und die aus unterschiedlichen Motiven für manchen Zeitgenossen so schnell wie möglich vernichtet, zerstört, weggeräumt und ersetzt werden müssten. Es ist ein wichtiger Beitrag zur jüngeren und jüngsten Geschichte, die noch keineswegs abschliessend geschrieben ist und die sich auch nicht auf die blosse Archivierung von Dokumenten beschränken lassen will. Wie nur wenige seines Faches sieht es Huse, Vertreter der Kunstgeschichte als einer historischen Disziplin, als Teil seiner Arbeit an, wichtige Geschichtszeugen in unserer zur Trauer und damit zur Vergangenheitsbewältigung noch immer unfähigen Gesellschaft dem allgemeinen Trend zur Verdrängung und zur Schönfärberei zu entziehen. Gleichzeitig mit den Ergebnissen der neueren Stadt- und Urbanitätsforschung, wonach Widersprüche als konstitutiv für städtisches Leben gelten, wird es auch für kritische Denkmalpfleger immer deutlicher, dass durch harmonisierende Restaurierungen, die nur das Schöne, Gefällige, Glatte und leicht Konsumierbare herstellen, wesentliche Dimensionen aus dem Stadtbild, aber auch aus dem Geschichtsbild hinausrestauriert werden. Im städtischen Kontext, «in der Realität», so die Soziologen Häussermann und Siebel, «können diese Widersprüche nur bewusst gemacht und ausgehalten werden. Aber aushalten von Ambivalenz heisst immer auch, Möglichkeiten offen zu halten, also Zukunft möglich zu machen»[2].

Im weiteren Sinn ist auch Huses Feldarbeit Teil der Bauforschung, in der historische Spuren in den Schichtungen städtebaulicher Überlagerungen aufgespürt, erklärt und gesichert werden. Die zerstörungsfreien Methoden der Bauforschung werden auf den städtebaulichen Gegenstand angewendet, um seinen geschichtlichen Wert zu erkennen. Mit der Erforschung städtebaulicher Zusammenhänge, die sich baulich-architektonisch formulieren können, die sich jedoch ebenso in unbebaut gebliebenen oder leergewordenen Räumen manifestieren, wird ein ziemlich neues Terrain bearbeitet, werden die Fachgrenzen von Architekturgeschichte, Stadtbaugeschichte, Denkmalinventarisation u. a. in ihrem bisherigen Verständnis gesprengt. Dabei ist es evident, dass in Grossstädten wie München oder Berlin auch Frei- oder Leerstellen, aufgrund der geschichtlichen Dichte ihres Territoriums, in der Regel von ebenso grosser Bedeutung sein können wie bebaute Flächen. Es wird deutlich, und darin mag das Provozierende dieses Ansatzes liegen, dass die Geschichte einer Stadt oder eines Landes sich keineswegs in ihrer aktuell fassbaren Architektur erschöpft und noch weniger in ihren architektonischen Highlights, sondern dass sich Erinnerungen und geschichtliche Bedeutung durchaus auch an (inzwischen) leeren Räumen, ja an Natur niederschlagen kann[3]. Die Disziplin, welche Geschichte, auch die beschädigte und fragmentierte, noch dazu in grossen stadträumlichen Zusammenhängen, sozusagen live und in situ erfasst, interpretiert und damit ins allgemeine Bewusstsein bringt, gibt es offiziell eigentlich nicht. Als Teil der Geschichtswissenschaft, wie Georg Dehio meinte, stellt die Denkmalpflege allerdings entwickelte Methoden und ein gutes Instrumentarium für die Untersuchung zur Verfügung, und sie muss sich auch nach ihrem historischen Auftrag als erste verpflichtet fühlen, bedeutenden Geschichtsspuren nachzugehen, um sie für die Zeitgenossen zu deuten und für spätere Generationen zu sichern – auch wenn dabei der enge Begriff *Baudenkmal* modifiziert wird.

Nachdem Grundlagen und Anliegen der Bauforschung im Rahmen der Architekturausbildung an der ETH vorgestellt und diskutiert werden konnten, ist der Dialog – auf dieser Ebene – eröffnet; ihn gilt es weiter auszubauen und für die Praxis produktiv zu machen.

Angesichts der immer wichtiger werdenden Beschäftigung mit Altbauten sind entwerfende und bauforschende Architekten immer mehr aufeinander angewiesen beziehungsweise wird es für immer mehr Architekten eine Notwendigkeit sein, Untersuchungsmethoden an der Hand zu haben, die ihnen substanzerhaltende, denkmalgerechte Eingriffe ermöglichen, zugleich Entwurf und Werkplanung erleichtern sowie Planungsaufwand und Planungskosten reduzieren.

Es ist zu hoffen, dass in der Zusammenarbeit Vorurteile gegenüber der strukturellen Rückwärtsgewandtheit, Fortschrittsfeindschaft und Mutlosigkeit denkmalpflegerischer Forderungen abgebaut werden und dass die vitale Bedeutung der Erlebbarkeit von Geschichtszeugen in grösserem Umfang als bisher wahrgenommen wird. Nach Jahren der Abstinenz in wissenschaftlicher, vor allem soziologischer Hinsicht bei den Entwerfern muss die interdisziplinäre Zusammenarbeit wieder einen höheren Stellenwert erhalten. Die Erforschung einer bestehenden Situation, die von ihren historischen, städtebaulichen, sozialen und funktionalen Zusammenhängen nicht zu trennen ist, muss als notwendige Voraussetzung für einen Entwurf angesehen werden. Insofern beantwortet sich auch die im Titel gestellte Frage wie nicht anders zu erwarten: Bauforschung und Entwerfen sind keine Gegensätze, sie ergänzen sich gegenseitig.

Anmerkungen

[1] ERNST STREBEL, Texte zur Ausstellung «Die Architektenausbildung an der Bauschule des Eidgenössischen Polytechnikums um 1880» im Institut GTA der ETH-Zürich, Zürich 1988 (Manuskript).

[2] HARTMUT HÄUSSERMANN; WALTER SIEBEL, Neue Urbanität, Frankfurt 1987, S. 249.

[3] ANDRÉ CORBOZ, Le Territoire comme palimpseste, in: Diogène Nr. 121, 1983, S. 14–35 und ANDRÉ CORBOZ, Entlang des Wegs – das Territorium, seine Schichten und seine Mehrdeutigkeit, in: Von Morschach bis Brunnen. Der Weg der Schweiz, hg. vom Fremdenverkehrsamt Genf, Genf 1991, S. 121–157.

Hans Rudolf Sennhauser

Bauforschung als Beitrag zur Stadt- und Siedlungsforschung

Unter Bauforschung wird im Folgenden in erster Linie nicht eine technische, sondern eine historische Disziplin verstanden. Es geht um die Erforschung historischer Bauten. So verstanden gehört Bauforschung in das Arbeitsgebiet der Archäologie: sie versucht Sachquellen zu erschliessen. Archäologische Bauforschung ist andrerseits nicht «Ausgrabungswissenschaft» bezogen auf ausschliesslich im Boden erhaltenen Bestand, sondern sie befasst sich mit dem Gebauten als Ganzem. Sie betrachtet ein Gebäude von den Fundamenten bis zur Dachhaut und – wenn immer möglich – auch im Verhältnis zu Vorgänger- und Nachbarbauten. Sie situiert Bauwerke sowohl im örtlich archäologischen als auch im historischen Kontext. Zum Verständnis von Charakter und Funktion einer Brücke gehört nicht nur die Kenntnis ihrer Gestalt, sondern gehören auch die Eigenschaften des Flussbettes, die Beschaffenheit beider Flussufer und der Verlauf des Strassenzuges, welcher mit Hilfe der Brücke Ortschaften verbindet. Bauforschung arbeitet mit Mitteln der Archäologie, stellt jedoch weder Technik noch Methoden der «Spatenwissenschaft» in den Mittelpunkt, sondern geschichtliche Fragen und deren Beantwortung. Als wissenschaftliche Disziplin versucht sie, ihre Probleme mit wissenschaftlichen, das heisst, mit Methoden zu beantworten, die Fragen und Gegenstand angemessen sind.

Für die Architekturgeschichte stehen Rang und Qualität eines Bauwerks im Vordergrund. Das betrifft traditionellerweise bedeutende kirchliche, kommunale und herausragende private Bauten. Seit dem 19. Jahrhundert treten indes neue Kategorien hinzu: technische Anlagen, Fabriken, Bauten für Handel, Wirtschaft und Verkehr, aber auch Wohnsiedlungen. Je realer sich nun Architekturgeschichte unter historischen, technischen und antiquarischen Gesichtspunkten mit ihren Objekten beschäftigte, umsomehr ergab sich eine weniger von «Kunstwillen», von Stil oder optischem Eindruck bestimmte Betrachtungsweise, als vielmehr eine allgemein historisch orientierte Baugeschichte: die «Bauforschung».

Bauforschung ist als Disziplin weniger exklusiv als traditionelle Architekturgeschichte. Sie umfasst sowohl nach klassischen Gesichtspunkten als bedeutend gewertete Objekte wie auch reine «Gebrauchsobjekte» wie Hütten und technische Baudenkmäler. Den Bauforscher interessiert baukünstlerische Gestaltung als die hilfswissenschaftliche Position, die Quellenaussage im historischen Gesamtzusammenhang.

In diesem Sinne bedeutet Bauforschung auch Siedlungs- und Stadtarchäologie, welche die «Monumente» als Zeugen einer historischen Situation ins Zentrum stellt: sie ist «Monumentenarchäologie». Diese antiquiert klingende Bezeichnung liesse sich indes ohne Schaden durch eine zeitgemässere Formulierung ersetzen. Denn es sind nicht nur «Monumente» im klassischen Sinn wie Denkmäler, Ehrenmäler gemeint, auch nicht Sachquellen ganz allgemein, sondern Bauwerke jeder Kategorie und ohne Eingrenzung durch Qualitätskriterien. Man könnte also etwa von «Bauarchäologie» sprechen, oder aber französischem Sprachgebrauch folgend und aufs Mittelalter bezogen, von «archéologie médiévale». Deren Aufgaben umschrieb Jean Hubert 1961 folgendermassen: «Le but suprême de l'archéologie médiévale est d'essayer de reconstituer par l'étude directe, par la fouille et par la consultation des documents qui renseignent sur les monuments disparus, l'ensemble des constructions que les hommes donnèrent pour cadre ou pour décor à leurs institutions, à leurs croyances et à leurs relations sociales durant les diverses périodes du Moyen âge.»[1]

Wenn die «Monumentenarchäologie» heute Objekte von der Hütte bis zum architektonischen Meisterwerk einbezieht, so wird die Bezeichnung in einem modernen und erneuerten Sinn gebraucht: «Monument» ist jetzt jegliches Bauwerk. Vom Kunstwerk zum Sachobjekt – das kennzeichnet auch den Bedeutungswandel, der sich im Gebrauch des Begriffes «Archäologie» in den letzten hundert Jahren vollzogen hat.

Von der Archaiologia über die Antiquitates zur Archäologie

Die Griechen (Thukydides, Plato) brauchten die Bezeichnung «Archaiologia» wie die Römer «Antiquitates» für Erzählung vom Vergangenen, Kunde von der alten Zeit, Altertumskunde, ohne Einschränkung. Im Spätmittelalter sammelten Humanisten, wie der den Ehrentitel «antiquarius» tragende Cyriakus von Ancona, eifrig Altertümer. Pomponius Leto (†1498) gründete in Rom die Akademie der «antiquarii». «Antiquitetische Sachen», Nachrichten und Objekte, sucht Wurstisen in seiner Basler Chronik 1580 zusammen. Thesaurus antiquitatum heisst noch im 17. Jahrhundert eine Sammlung von schriftlichen und sachlichen Denkmälern. Am Ende jenes Jahrhunderts taucht dann bei Spon, Miscellanea eruditae antiquitatis (Lyon 1685) – bezeichnenderweise im französischen Sprachgebiet – die Bezeichnung Archeologia/Archeographia für die mehr aufs Denkmal gerichteten Bestrebungen auf. 100 Jahre später und bewusst als Rückgriff erscheint bei Winkelmann das Wort «Archaeologie» für die Kunstgeschichte der Griechen und Römer. Von Altertumskunde, Antiquitäten usw. sprach dagegen noch lange, wer sich den Denkmälern der eigenen Geschichte zuwandte. So brachte die Entdeckung der Grabhügel beim Burghölzli in Zürich Ferdinand Keller nicht auf den Gedanken, eine Gesellschaft für Archäologie zu gründen, sondern es entstand in Zürich die Antiquarische Gesellschaft. Seit 1852 gab es den Anzeiger für Schweizerische Geschichte und Altertumskunde, seit 1907 das Jahrbuch für Urgeschichte, das Prähistorie und Römerzeit abdeckte. Erst im 20. Jahrhundert hat sich «Archäologie» als Bezeichnung auch für das durchgesetzt, was früher Altertumskunde war. Im deutschen und deutschschweizerischen Gebiet halten sich die alten Wörter «Altertümer», «Antiquitäten» und «antiquarisch» länger als etwa in Frankreich und in der welschen Schweiz, wo schon 1838 die Société d'histoire et d'archéologie de Genève gegründet wird, oder im Kanton Waadt, wo der Oberst François Rodolphe de Dompierre (1775–1844) als «archéologue cantonal» die Stellung eines Konservators der waadtländischen Altertümer versah[2]. Noch heute heisst die repräsentative Gesellschaft, die sich mit der Archäologie der Vorzeit und des Frühmittelalters in der Schweiz befasst, «Gesellschaft für Ur- und Frühgeschichte». (Die Frühgeschichte, in der Definition der Gesellschaft erst seit 1966/67 enthalten, umfasst das «Frühmittelalter» bis zur Zeit Karls des Grossen). Von den drei «Arbeitsgemeinschaften», die sich in der Mitte der 70er Jahre herausbildeten, halten sich die beiden traditionellen Organisationen an die gewohnten Benennungen: die «Arbeitsgemeinschaft für die Urgeschichtsforschung in der Schweiz» und die «Arbeitsgemeinschaft für die Römische Forschung in der Schweiz», und nur die dritte, die über den zeitlichen Rahmen der Gesellschaft für Ur- und Frühgeschichte hinausgeht, führt die Bezeichnung «Archäologie»: «Arbeitsgemeinschaft für Archäologie des Mittelalters».

Innerhalb der Archäologie des Mittelalters, von der hier vorwiegend die Rede ist, sind im wesentlichen drei Zweige unterscheidbar: die eine richtet ihr Augenmerk vor allem auf Spätantike und Frühmittelalter und stellt Gräberfunde ins Zentrum ihrer Arbeit. Sie hat sich im wesentlichen aus der Urgeschichtsforschung entwickelt. Eine andere wendet sich vorwiegend Bauwerken zu wie Kirchen, Burgen, Siedlungen, aber auch technischen Bauten und Strassen. Johann Rudolf Rahn betrieb seine baugeschichtlichen Studien im Rahmen einer historisch-kritischen Kunstgeschichte, Albert Naef und Otto Schmid-Chillon bezeichneten ihre Arbeit als Archéologie – im Sinne der Definition Huberts – und Josef Zemp sah sie als Teil der Sorge eines Denkmalpflegers für seine Objekte: «Die archäologische Denkmalpflege wird auch im Reiche der modernen Kunst hartnäckig ihre Forderungen stellen: vor allem die Erhaltung und Respektierung der alten Denkmäler als Urkunden der geschichtlichen Forschung.»[3] «Burgenfreunde» wie Eugen Probst hätten mit Josef Zemp gesagt: «Erforschung und Erhaltung des Bestehenden. Das ist Alles» (auch wenn sie in der Praxis gelegentlich darüber hinaus gingen). Sie und andere standen am Anfang der neueren Baugeschichtsforschung des Mittelalters in der Schweiz. Die «Realienkunde» des Mittelalters beschäftigt eine dritte Forschergruppe beinahe ausschliesslich. Die Ergebnisse dieser Sparte stossen auf zunehmendes Interesse der Öffentlichkeit: Alltagsleben ist eines der bedeutenden Forschungsgebiete geworden. Spektakuläre Ausstellungen, in denen Codices, Kleinodien und andere Kunstwerke umgeben von zeitgenössischen Alltagsfunden gezeigt werden, folgen sich Jahr für Jahr; kulturgeschichtliche, nicht allgemeinhistorische oder kunstgeschichtliche Gesichtspunkte herrschen vor. Darüber hinaus hat die genauere Erforschung der Realien auch für die Kenntnis der älteren Bauwerke viel gebracht: Datierung, Funktionsbestimmung von Räumen, soziale Einstufung von Bauwerken und ihrer Bewohner usw. sind nicht zuletzt dank der genaueren Untersuchung der Realien «realer» geworden.

Es darf aber nicht vergessen werden, dass in grösserem Umfange sich lohnende Ergebnisse eine bereits bestehende breite Forschungsbasis und die (im allgemeinen eher zunehmende) Bereitschaft zur Zusammenarbeit voraussetzen, was nicht nur für das Mittelalter, sondern für sämtliche Epochen gilt.

Stadtgeschichte im Grossen
Ein antikes und ein vorgeschichtliches Beispiel

Man könnte mit den ältesten Städten im östlichen Mittelmeerraum argumentieren, um den Sinn der Bauforschung für die Geschichte der Städte im einzelnen und des Städtewesens im allgemeinen zu erweisen. Es würde sich dabei herausstellen, dass, was wir heute Bauforschung nennen, im Städtebereich die vorläufig jüngste Etappe in der Erforschungsgeschichte des Städtewesens darstellt. Es gibt aber interessante Vorgängermethoden: zunächst wurde auf Grund von Ruinen im Gelände, die man beschrieb und malerisch abbildete, eine Reihe antiker Stätten lokalisiert. Die Suche nach der «Historischen Stätte» unter dem Schutt stellt ein weiteres Stadium dar, das ausgehend von historisch-literarischen Kenntnissen eine bestimmte geschichtliche Situation erfassen und festhalten wollte: Schliemanns Troia gehört hierher. Mit dem «Schutt» wurde in den archäologischen Schichten weitgehend der «Schutt der Geschichte» abgeräumt, bevor es zu einer wesentlichen weiteren Entwicklung kam, die den archäologischen Methoden ihren Platz einräumte, Schicht für Schicht in ihrem architektonischen Zusammenhang untersuchte und mittels der darin vorkommenden Kleinfunde datierte. Erst dadurch hat sich Stadtgeschichte, die Entwicklung der Stadt, absehen lassen. Es lässt sich anhand der Veröffentlichungen verfolgen, dass sich dabei das Wissen um die Baumethoden der Alten, die Kenntnis der möglichen Bautypen und die methodischen und wissenschaftlichen Erfahrungen und Ergebnisse ständig mehren und dass neue Erkenntnisse für die Wissenschaft umso zahlreicher werden, je intensiver die Erfahrung, das Wissen und die Quellenkenntnis (nicht nur Kenntnis der materiellen, «monumentalen» Quellen) vorhanden sind, um wieviel präziser also die Fragen gestellt werden können.

Lange bevor Wohnbauten ins Blickfeld traten, orientierte man sich an den öffentlichen Gebäuden, welche Orientierung im Ruinenfeld und ersten Vergleich von Stadt zu Stadt ermöglichten, zugleich auch Aufschluss über die hervorragenden Besonderheiten einer Siedlung boten. Topographie und Stadtanlage im Grossen – Strassen, öffentliche Bauten, Befestigung –

erschliessen sich nur in der Einzelerforschung; weit mehr Mühe bereitet es, die Feineinteilung – Quartiere, Häusertypen und Entwicklung der Stadt anhand der sukzessiven Veränderungen zu fassen.

Aus dem antik-prähistorischen Bereich seien zwei Beispiele angeführt: Kassope und Biskupin.

Kassope, in Nordwestgriechenland gelegen, seit Mitte 4. Jahrhundert v. Chr. etwa 300 Jahre lang bewohnt[4]. Eine planmässig angelegte «Streifenstadt» (gleichmässig grosse Grundstücke, aneinandergereiht, je mit Schmalseite zur Strasse hin), eine der ersten Siedlungen, in der Häuser und Haustypen systematisch erforscht worden sind, während die Wohnhäuser auch in den besser bekannten Städten (Athen, Milet, Korinth) noch weitgehend unbekannt sind.

Das Typenhaus, das sich nun in den seit dem 7./6. Jahrhundert fassbaren Plan-Städten auch vom 6./5. Jahrhundert an nachweisen lässt und die dem

Abb. 1 Kassope, Stadtanlage. Nach J. Bosholm.

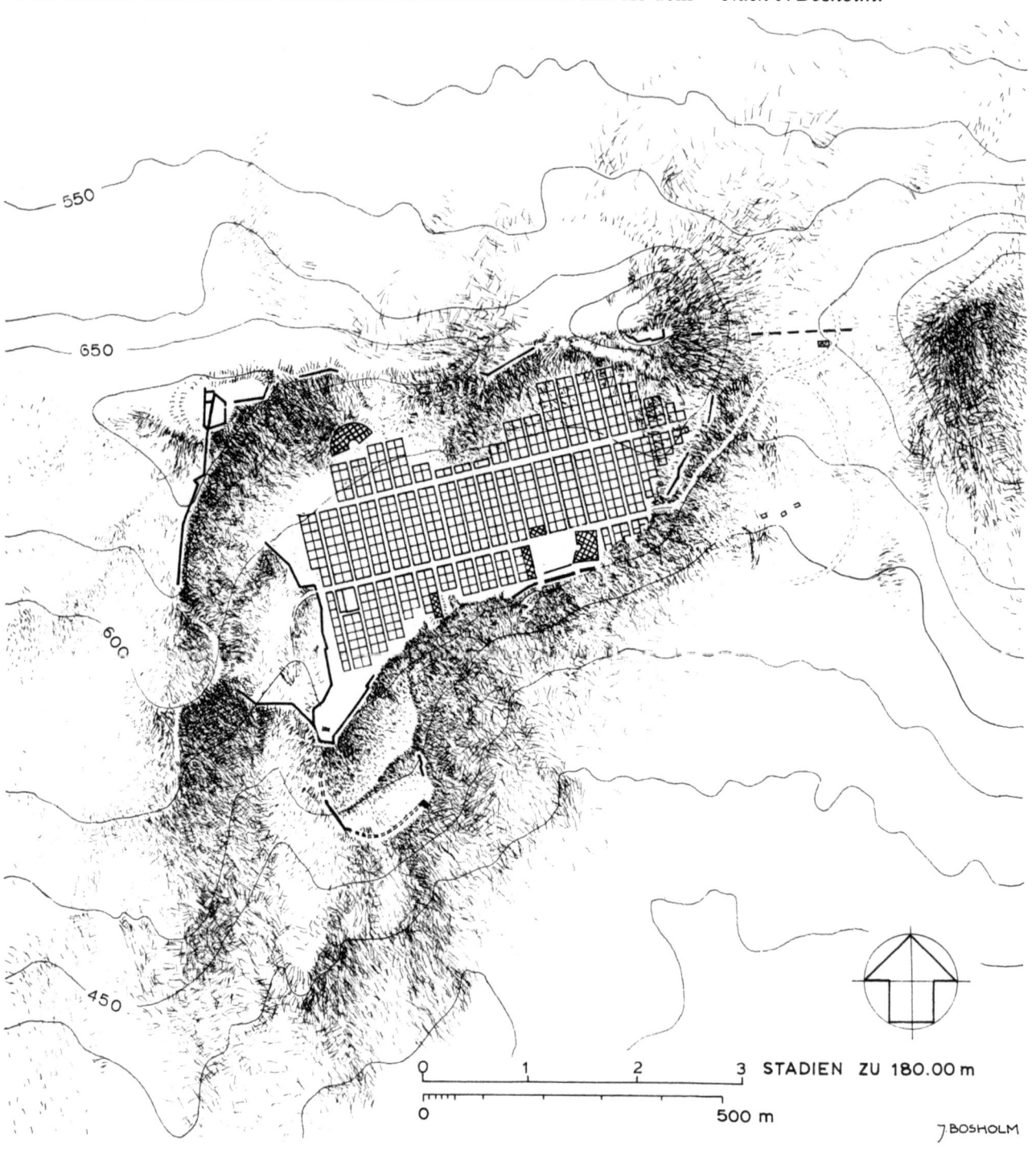

Plan-Raster offensichtlich zugrundeliegenden Zahlen- und Massverhältnisse haben die Ausgräber und Autoren einer instruktiven Veröffentlichung über die Stadt Kassope veranlasst, auf ein viel radikaleres Demokratieverhältnis zu schliessen, als dies bisher angenommen wurde. Jedoch bereits im Vorwort zum verdienstlichen Buch weist Christian Meier diesen Schluss als Überinterpretation zurück. Gegenüber den nachweislich ungleichen Besitzverhältnissen in griechischen Städten der Epoche von Kassope erscheint es aussichtslos, aufgrund der hier gleichgrossen Parzellen auf ein strikteres Demokratieverständnis oder gar auf eine dementsprechende Praxis schliessen zu wollen. In unserem Zusammenhang wird das Beispiel lediglich deswegen wichtig, weil es zeigt, was Bauforschung im einzelnen vermag und wie man sie überfordern kann: Aufgrund umfassender Bauforschung können bestimmende Phänomene und Gesetzmässigkeiten erkannt werden. Sie lassen Probleme in den Vordergrund treten, die meistens nicht aufgrund eines Einzelfalles gelöst werden können, deren Bewältigung sehr oft ein ganzes Forschungsprogramm voraussetzt. Auch ein solches könnte nicht nur auf archäologisch-vergleichender Basis, sondern nur unter Beizug der Nachbarwissenschaften und der Ergebnisse aus Untersuchung und Interpretation der schriftlichen Quellen zu sicheren Resultaten gelangen.

Je überzeugender sich Typen in Beziehung bringen lassen und je enger ihre formale Verwandtschaft bis ins Detail ist, umso wahrscheinlicher – bis zur Quasi-Sicherheit – wird ein direkter Zusammenhang zwischen zwei vergleichbaren Monumenten, gelegentlich sogar dort, wo sie in grosser räumlicher Distanz zueinander liegen. Ein Beispiel aus dem Holzbaugebiet des Nordens ist Biskupin.

Biskupin, früheisenzeitliche Siedlung mit Stadtcharakter im nordwestlichen Polen, etwa 550 bis 400 v. Chr. besiedelt[5]. Ausgrabung 1934–39 und wieder seit 1946 in der Folge einer Absenkung des Seespiegels. In diesen Gegenden von Elbe/Oder/Weichsel ging die städtische Zivilisation Mitte des 1. Jahrtausends v. Chr. (wie zum Beispiel Biskupin) unter. Erst im 13./14. Jahrhundert entstanden hier wieder Städte.
Biskupin war eine umwehrte Inselsiedlung mit Damm zum Seeufer. Der Befund zeigt mehr als hundert Blockbauten, Häuser von einheitlicher Grösse (8 mal 9 m). Sie sind in dreizehn Zeilen angeordnet. Sie besitzen je einen Vorraum im Süden und einen Hauptraum mit steinernem Herd. Die Siedlung ist umgeben von einer Holz-Erde-Ringmauer. In ihrer Anlage mit rechtwinklig sich kreuzenden Strassen und Gassen und mit ihren einheitlichen Hausgrössen, gleichartig wie in Kassope, entspricht die Anlage den Plan-Städten im östlichen Mittelmeerraum, zum Beispiel Smyrna und Milet. Die Lausitzer Kultur (eine Provinz der Urnenfelderkultur), welcher das zweimal neugebaute Biskupin zuzurechnen ist, hatte ihr Zentrum im Karpatenbecken. Dass die Kenntnis solcher Siedlungsformen mit Vermittlung des ostalpin-ungarischen Raumes aus dem ägäischen Gebiet übernommen wurde, wird vermutet. Darüber hinaus ist schon der Versuch gewagt worden, die Zerstörung der Siedlung mit dem Zug Darios I., des Grossen (550–486, König seit 522), gegen die ukrainischen Skythen zu verbinden, von dem Herodot im 4. Buch berichtet.
Im Norden Mitteleuropas war Darios auf die Budiner gestossen und ihre aus Holz erbaute Stadt Gelonos, die auf allen Seiten 30 Stadien (5,5 km) lang war.
Die planmässige, organisierte Siedlung setzt eine organisierte Gemeinschaft voraus (Zimmerleute, Dachdecker usw.) – dies ist neben dem rein städtebaulichen ein weiterer Fragenkomplex, auf den nun die Bauforschung aufmerksam macht. Und schliesslich steht hier die historische Verknüpfung der «barbarischen Welt des Nordens» mit dem mittelmeerischen Süden zur Diskussion.

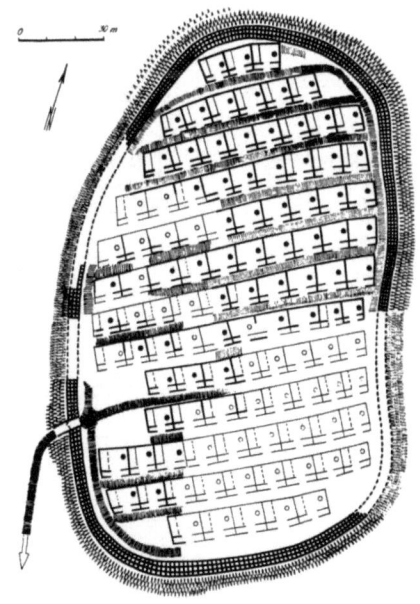

Abb. 2 Biskupin, Polen. Schematischer Plan der früheisenzeitlichen Siedlung. Nach Rajewski.

Die mittelalterliche Stadt aus römischer Wurzel

In *Köln* wird dem aufmerksamen Besucher, der sich an den Resten der Stadtmauer und anderen römischen Ruinen sowie am Strassenverlauf orientiert, die römische Colonia, 50 n. Chr. aus dem Oppidum Ubiorum (38 v. Chr.) entstanden, in ihrer Lage, Anlage und Ausdehnung in grossen Zügen verständlich. Das war nicht von jeher der Fall. Manche Ruine ist erst im Verlaufe der Zeit freigelegt, studiert, konserviert und schliesslich in das heutige Stadtbild einbezogen worden: Arbeit des bauhistorisch tätigen Stadtarchäologen. Schreitet der Besucher die Stadt mit dem Führer in der Hand ab[6], so vermag er sogar Wachstum und historische Veränderungen der Stadt nachzuvollziehen. Die einzelnen Baureste sind ja nicht allein wegen des ursprünglichen Zustandes der einstigen Gebäude erforscht worden, es ist vielmehr die Nutzungsgeschichte des betreffenden Bauplatzes und es sind die Bauzustände in den einzelnen Epochen, die herausgearbeitet werden. Dass unter Gross St. Martin und daneben zuerst im ersten Jahrhundert ein grosser Platz (Palaestra) mit einem rechteckigen Wasserbecken lag, seit dem ersten Drittel des zweiten Jahrhunderts aber vier Speichergebäude (Horrea) um einen zentralen Hof herum lagen, deutet auf neue Bedürfnisse der Stadt im Zusammenhang mit dem Warenverkehr auf dem Rheine hin. Eine der vier Hallen, diejenige unter St. Martin, wurde dann nachträglich teilweise für einen Kirchenbau verwendet, näm-

*Abb. 3 Köln, Plan der römischen Stadt.
Nach Schirmacher.*

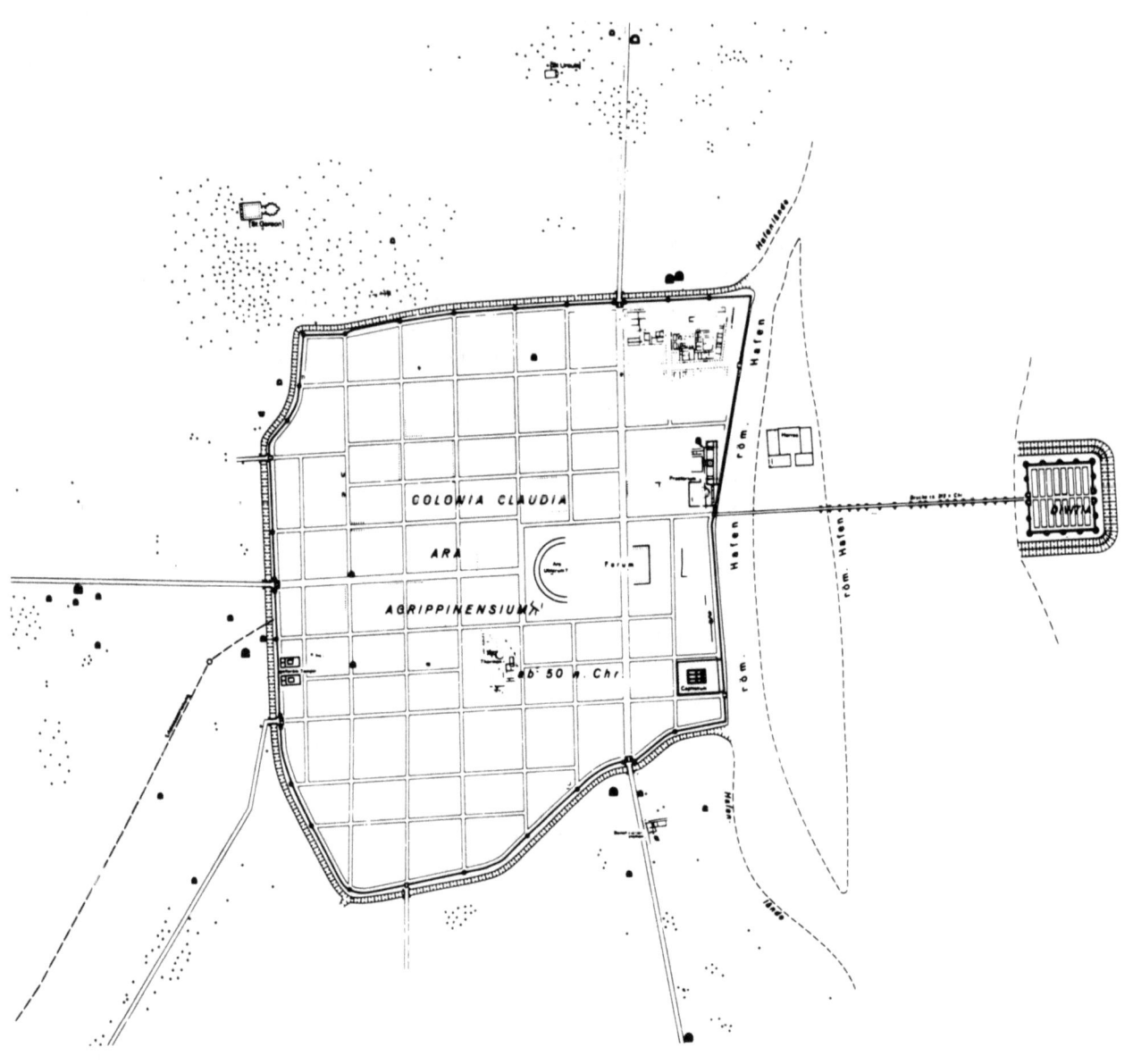

lich für den ottonischen Vorgängerbau des im 12. Jahrhundert erneuerten Gross St. Martin. Bei St. Maria im Kapitol hat sich eine alte Tradition bestätigt, nach welcher die Kirche auf einem der Capitolinischen Trias geweihten Tempel erbaut wurde. Wie und wann bleibt aber bis zur Durchführung weiterer Grabungen dunkel. Die Kirchengründung wird in der Überlieferung Plektrudis († nach 722), der Gemahlin Pippins von Heristal, zugeschrieben. – Das gut untersuchte Praetorium zeigt beispielhaft, welch intensive Bautätigkeit vom Anfang der Stadt – oder sogar schon in der Zeit des Oppidums Ubiorum – bis in spätrömische Zeit anhielt. Aus dem 5. und 6. Jahrhundert datieren Baumassnahmen, die einerseits vom Nachleben spätrömischer Traditionen (Heiligenverehrung), anderseits, zum Beispiel mit dem grossen Neubau des Domes im ausgehenden 6. Jahrhundert, von einem Neubeginn zeugen. Die Zeit der Merowinger ist bisher am wenigsten deutlich zu fassen, und das nicht etwa deswegen, weil aus dieser Zeit keine Funde erhalten wären, sondern weil aus dieser Zeit noch kaum Bauten bekannt sind. Orientierungspunkte bleiben – nicht nur für diese Zeit, im Frühen und Hohen Mittelalter jedoch in besonderem Masse –, die Kirchen. Ausser dem Dom könnten hier besonders die von Bischof Kunibert (um 623–663) erweiterte Schifferkirche St. Clemens (später Stiftskirche St. Kunibert) und die Kirchengründung der Plektrudis wegweisende Erkenntnisse bringen. Grossflächige Untersuchungen, die über die frühmittelalterlichen Wohnbauten im heute überbauten Stadtareal Aufschluss

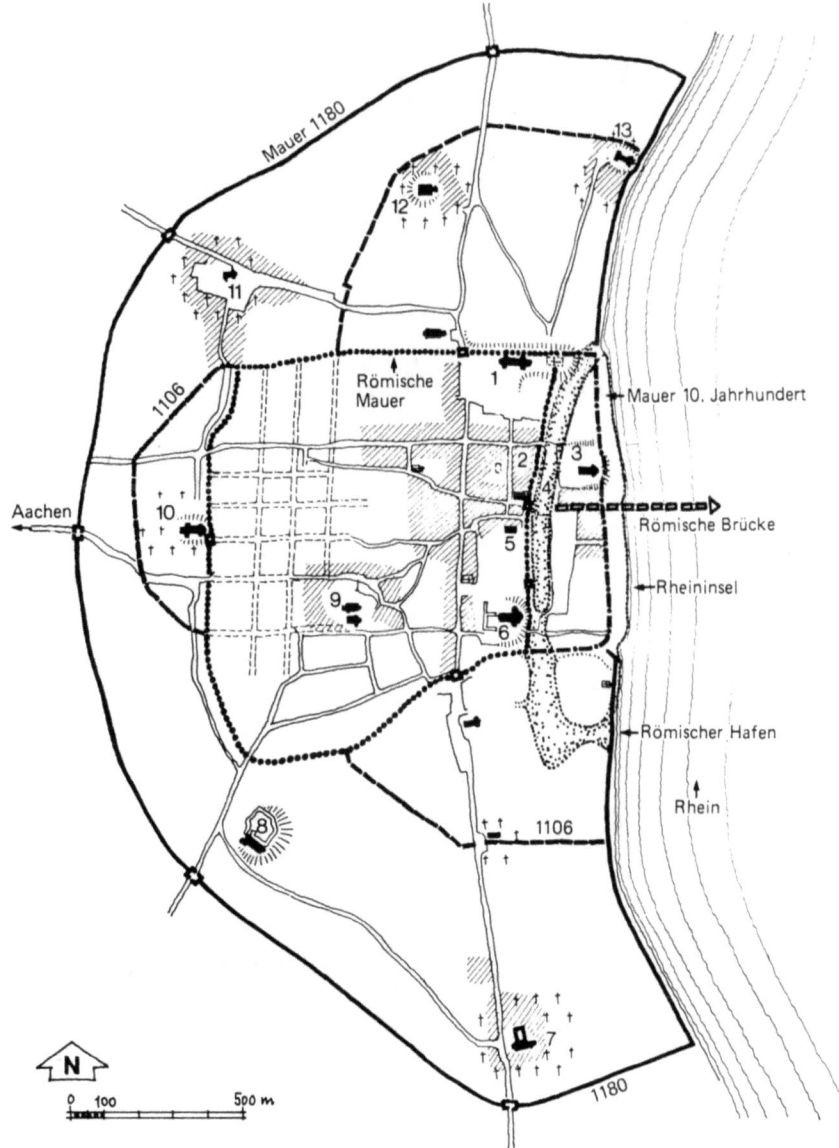

Abb. 4 Köln, Stadtentwicklung bis zum grossen Mauerbau um 1180. Nach Schirmacher.

gäben, sind kaum durchführbar, und Zusammenhänge könnten sich, wenn die kontinuierliche Nutzung und Neunutzung der Baufläche dies überhaupt erlaubt, erst im Verlaufe der Zeit ergeben – «Glück, Geduld, Geschick und Geld» (Linus Birchler[7]) vorausgesetzt.

Ähnliches gilt in noch weit höherem Masse für die Gräber- und Siedlungs-Kleinfunde, deren direkte Aussagekraft für die Fragen nach Siedlungsform, Stadtgestalt und -veränderung ohnehin begrenzt ist.

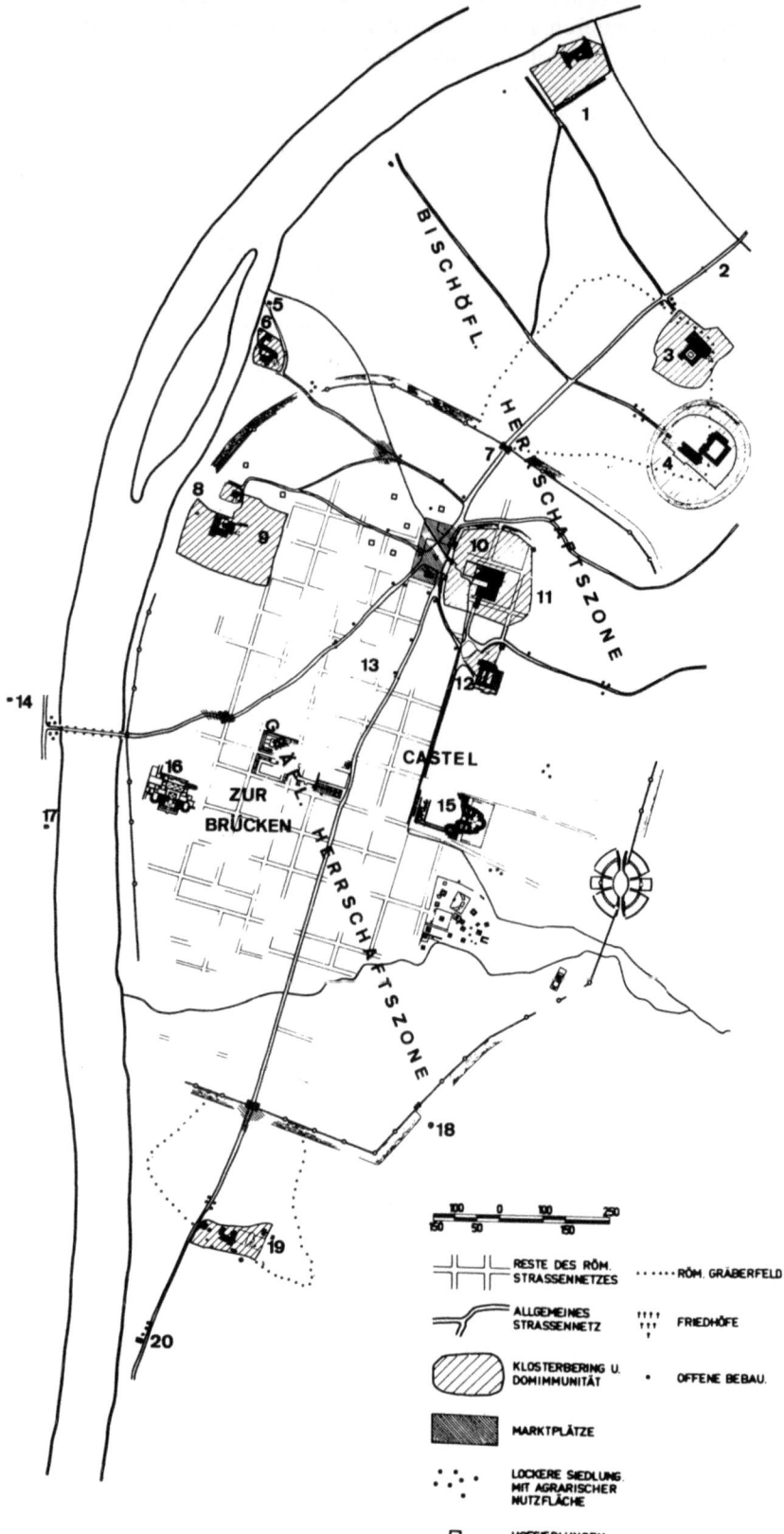

Abb. 5 Trier, um 1000.

1 Kloster St. Marien
2 Torbögen als Grenzmarke der bischöflichen Herrschaftszone
3 Stift St. Paulin
4 Kloster St. Maximin
5 St. Symphorian
6 Kloster St. Martin
7 Porta Nigra
8 St. Paulus
9 Kloster St. Irminen
10 Dombering
11 Domberingmauer um 1000 erbaut
12 Palastaula, bischöfliche Verwaltung
13 Torbögen als Grenzmarke der bischöflichen Verwaltung
14 St. Isidor
15 Kaiserthermen, Sitz königlicher Grafen
16 Barbarathermen, Sitz königlicher Grafen
17 St. Viktor
18 Heiligkreuzkapelle
19 Kloster St. Eucharius
20 St. Medard

Aus karolingischer und ottonischer Zeit wissen wir bedeutend mehr. Aussagekräftig sind vor allem wieder die archäologischen Bauforschungen in Kirchen. Es ist bezeichnend, dass die beiden Epochen durch die Namen grosser Kirchenfürsten, etwa Erzbischof Hildebald (vor 787–818) und Erzbischof Brun (953–965), charakterisiert werden. Auf Grund der in Vorberichten veröffentlichten Ausgrabung von St. Columba glaubt Hugo Borger sagen zu können: «Schmale Wege traten (in karolingischer Zeit) an die Stelle breiter Strassen, und das Muster der Quartiereinteilungen selbst ging völlig unter.»[8] Markt und Stadtmauern sind neue wesentliche Orientierungspunkte seit dem Ende des ersten Jahrtausends und vor allem seit dem 11. Jahrhundert. Seit dem 12. Jahrhundert etwa können es Rathäuser, Familientürme, «Steinhäuser» sein, aber auch Synagogen. Später bilden etwa Spitäler und Gewerbe wie Gerber, die man am Stadtrande ansiedelte, Markierungen. Im 10. Jahrhundert wurde in Köln die Rheinvorstadt, eine Kaufmannssiedlung mit Markt, in die Stadt einbezogen, und die Kirchen in den alten Friedhöfen an den aus der Stadt herausführenden Strassen – sie waren im Verlauf der Zeit aus Grabbauten und Friedhofkirchen zu Stifts- und Klosterkirchen geworden – lagen seit der dritten, unter Erzbischof Philipp von Heinsberg im ausgehenden 12. Jahrhundert erfolgten Stadterweiterung (und bis 1881 ff.) innerhalb der Mauern.

Ein Grundzug dieser Zentrumsbeziehung wird im bis zur Jahrtausendwende fassbaren Stadtplan von *Trier* besonders deutlich[9]. Die Zweiteilung der Stadt in einen kirchlich bestimmten Bereich um den Dom und einen weltlich bestimmten gräflichen, der den grösseren Teil des bekannten antiken Stadtgebietes mit den gut erhaltenen römischen Ruinenkomplexen umfasste.
Herrschaftszentren waren es, die den Ansatz für die Weiterentwicklung boten: auf der einen Seite der Bischofssitz mit dem Dom, andrerseits im Süden die Kaiser- und die Barbarathermen, beide Sitze königlicher Grafen. Der Markt ist nicht ursprünglicher Ausgangspunkt, sondern er lehnt sich im Westen an den Dombering an. Die bauhistorische Erforschung hat diese Entwicklung verständlich gemacht: Zentrum und Kernpunkt der Stadtentwicklung ist die Bischofskirche, hineingebaut in den ehemaligen Kaiserpalast. In den Friedhöfen an der Ausfallstrasse nach Norden entstanden St. Maximin und St. Paulin. Beim Hafen, nach der Überlieferung durch ein Wunder des hl. Martin veranlasst, die Martinskirche, welche ebenfalls später zur Klosterkirche wurde. Weiter westlich folgten im Frühmittelalter St. Irminen und St. Symphorian, dies wohl nachdem die riesigen Thermenruinen von den neuen Herren besetzt waren: Zentrumsbildung, gleichsam «Dorf-Bildung», im ehemaligen ausgedehnten römischen Stadtgebiet.

Zur Siedlungs- und Stadtgeschichte im Mittelalter anhand der Kirchen
Kirche als Mittel- und Merkpunkt

Als Regel kann gelten: Kirchen werden für Gemeinschaften gebaut. Entweder stehen sie im Zentrum oder sie werden zu Zentren. Ein einziges Beispiel für die «Kirche, die im Zentrum entsteht»: In den Jahren 1923–34 untersuchte Albert Egges van Giffen Dorfteile von *Ezinge* bei Groningen[10]. Hier stammen die ältesten Schichten aus der Zeit von 500–400 v. Chr., die jüngsten aus dem Früh- und Hochmittelalter. Hier umstehen schon die Gebäude der ersten gefassten Periode (Periode 6, 500–400 v. Chr.) radial Dorffriedhof und Dorfkirche derart, dass man annimmt, unter der Dorfkirche sei ein zentrales Herrenhaus zu vermuten. Wie die Eintragung dieser ältesten Holzbauten mit Stall- und Wohnteil in den Katasterplan von etwa 1830 zeigt, schlägt hier die alte Einteilung des Landes bis in die neuere Zeit durch, und die Kirche steht an der Stelle des ersten Siedlungskernes.
Die Dorfkirche von Ezinge ist insofern eine Parallele zur Kathedrale von

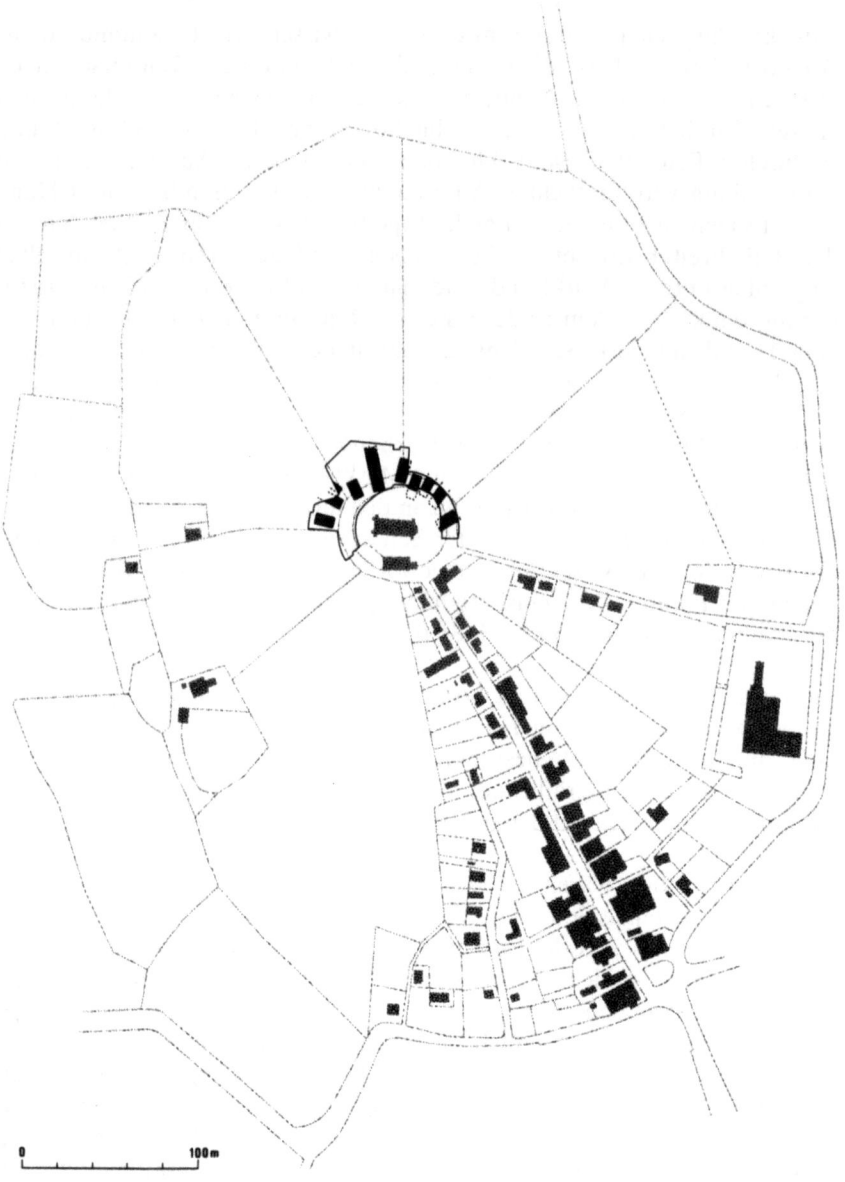

Abb. 6 Ezinge, prähistorischer Kern der mittelalterlichen Siedlung. Nach Waterbolk.

Trier, als in beiden Fällen das zentrale Herrschaftshaus – dort das Herrenhaus, hier der Kaiserpalast – durch das Gotteshaus abgelöst wurde. In Gründungssiedlungen kann die Kirche eine ähnliche zentrale Stellung einnehmen. In den weitaus meisten Fällen wird sie aber zum Zentrum erst dadurch, dass sich nach und nach eine Siedlung oder ein Stadtteil um sie herum entwickelt. Das bezeugen die in den Friedhöfen ausserhalb der Stadt entstandenen Grabeskirchen (Köln und die Städte aus antiker Wurzel) und die im Hohen und Späten Mittelalter in den Freiräumen innerhalb der Stadtmauern angesiedelten Bettelordenskirchen. Bezeichnend ist aber auch die Tatsache, dass sich um die Klöster auch dann, wenn sie «in eremo» stehen, rasch Klosterdörfer entwickeln: Später wird es heissen: «unter dem Krummstab ist gut leben».

Beide Gesichtspunkte, die Errichtung von Kirchen an den Ausfallstrassen und die Entstehung von Klöstern ausserhalb der Siedlungen, kehren im Grundschema des «ottonischen Kirchenkreuzes» wieder, das Erich Herzog 1964 für eine grosse Zahl deutscher Städte nachgewiesen hat[11]. Um die zentrale Siedlung bilden sich an den Strassen in den vier Himmelsrichtungen Klöster, die zu Zentren von «Vorstädten» werden, die das Hochmittelalter mit einer weitgezogenen Umfassungsmauer in die Stadt einbezieht. Für den Bauforscher ergibt sich daraus die Möglichkeit, die Entstehungsgeschichte dieser Städte zu untersuchen, wenn er die Gelegenheiten wahrnimmt, Entstehung und Veränderungen der zentralen Gotteshäuser zu erforschen.

Abb. 7 Hildesheim im 12. Jahrhundert, ottonisches Kirchenkreuz. Nach Herzog.

1 Dom
2 St. Michael
3 St. Mauritius
4 St. Bartholomäus
5 Hl. Kreuz
6 St. Godehard

A Alter Markt
B Altstadt des 12. Jahrhunderts
C Neustadt des 13. Jahrhunderts

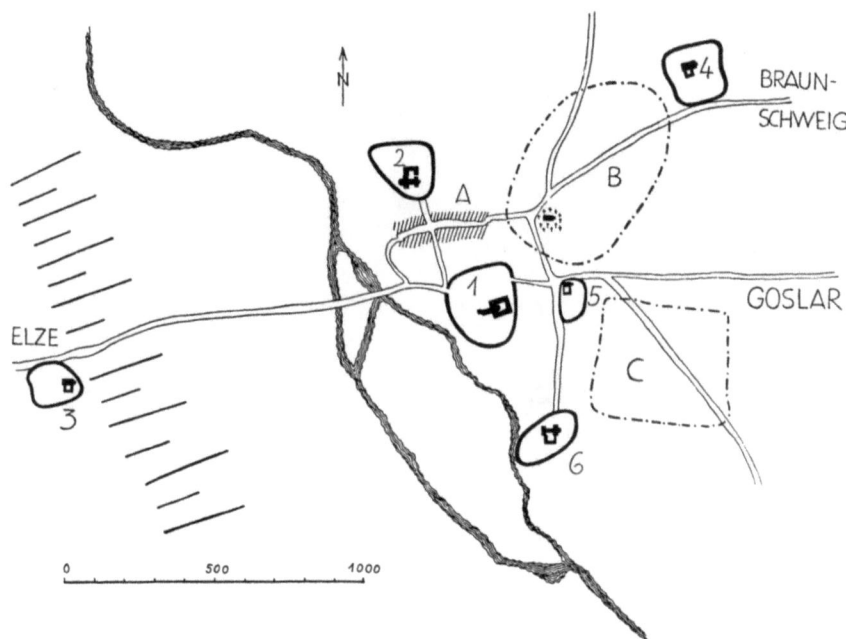

In ältere Epochen verweisen Beispiele wie Bonn, Xanten, Zurzach auf Siedlungsverlegungen, die wieder an die Kirchen anknüpfen. In diesen Fällen spielt ein weiteres Element eine wesentliche Rolle.

Kirchen als Stätten des Totengedächtnisses, das Verhältnis von Friedhof und Kirche

Nach antiker Tradition liegen Friedhöfe ausserhalb der Siedlung an Strassen. Auch die völkerwanderungszeitlichen und frühmittelalterlichen Gräberfelder finden sich, manchmal zwar ganz nahe bei, aber doch immer neben den Dörfern wie zum Beispiel Sézegnin GE[12], Schiers GR[13]. Spätestens seit dem 8. Jahrhundert ändert sich das Verhältnis: Kirchen ziehen die Friedhöfe an sich und in die Siedlung hinein. Wo im alten Stadtgebiet Kirchen entstehen, in Köln etwa St. Columba, sind sie von Friedhöfen umgeben. Umringen die Gräber der toten Ahnen die antike Siedlung wie ein Schutzgürtel, so sind die Gräber im Mittelalter von den Wohnstätten der Lebenden umgeben. Sie liegen zwischen der Siedlung der Lebenden und dem Hause Gottes, und das ist bezeichnend für die neue – christliche – Auffassung: In der engen Gemeinschaft der Lebenden und der Toten gilt das Gebet der Lebenden für die Verstorbenen und die Fürsprache der «Entschlafenen» für die «Erdenpilger», die auf Erden zum himmlischen Jerusalem pilgernden Gläubigen, als eine der stärksten Kräfte. Kirche und Kirchen bilden das Symbol für eine neue Gemeinschaft. Heiligengräber, welche Lebende und Tote an sich ziehen, stehen mancherorts am Anfang frühmittelalterlicher und bis heute bestehender Siedlungen, Beispiele dafür haben wir in St-Maurice und Zurzach. Einsiedeln bildet eine Variante, indem hier nicht das Grab, sondern die Kapelle und Zelle des ursprünglichen Eremiten (Meinrads) zum Anknüpfungspunkt wurden.

St-Maurice[14] entstand am Ort, da nach einer Revelatio der erste bekannte Bischof des Wallis das Andenken der christlichen Märtyrersoldaten an der Stätte ihres Martyriums durch ein kleines Heiligtum ehrte. In *Zurzach*[15] haben die archäologischen Forschungen der letzten Jahrzehnte über eine besonders merkwürdige Folge von Siedlungsverlegungen Aufschluss gegeben: Die erste bekannte römische Siedlung entwickelte sich neben dem römischen Lager, das nordwestlich des heutigen Fleckens auf der Terrasse über dem Rhein lag. Das Zentrum der spätrömischen Siedlung aber lag mit seiner Taufkirche im spätrömischen Kastell, das im vierten Jahrhundert zum Schutze der damaligen Reichsgrenze und einer Rheinbrücke im Nordosten des Fleckens neu angelegt worden war. Der heutige Flecken schliess-

Abb. 8 Verhältnis Friedhof und Kirche am Beispiel von St. Maurice.

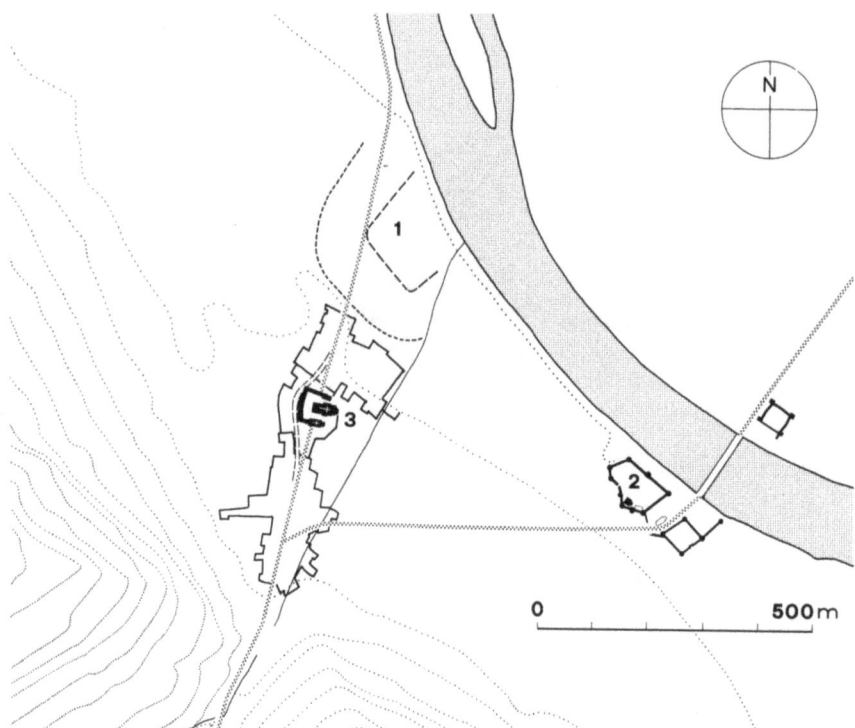

Abb. 9 Zurzach, Siedlungsverlegungen.

lich steht auf einem Teil des schon in der ersten römischen Besiedlungsphase benützten Friedhofes, in dem auch im vierten Jahrhundert noch bestattet wurde. Diese Nekropole wurde im Frühmittelalter zur neuen Siedlung der Lebenden, dem heutigen Zurzach, indem hier offenbar über einem Grab (nach einer Revelatio wie in St-Maurice?) ein kleines Gotteshaus entstand. Heiligenkult, Klostergründung, Wallfahrt und damit verbunden Warenaustausch, ein Markt, dürften Stationen gewesen sein, die dazu führten, dass um 1000 die Grabkirche der heiligen Verena zum Siedlungszentrum geworden war, das spätrömische Kastell am Rhein jedoch mit seiner spätantik-frühchristlichen Kirche als «civitas antiqua juxta Rhenum» mit verlassenen Ruinen beschrieben wird. Die Schlüsselstellungen in dieser Geschichte der Verlegung einer Siedlung im Verlaufe eines Jahrtausends nehmen die römischen Baubefunde, die Strassen, die Kirchenbauten und die Friedhöfe ein.

Den Bauarchäologen, der sich mit Siedlungsgeschichte vom Frühmittelalter bis heute befasst, leitet das Kirchengebäude auf einzigartige Weise durch alle Jahrhunderte. Die Kirche ist in den meisten Siedlungen zu finden, und wo sie nicht den Dorfmittelpunkt bildet, lassen sich meistens Gründe namhaft machen. In der Regel bleibt die Kirche standortsbeständig, und die Wissenschaft hat gezeigt, dass ihre Typen, Bauschemata und Bauformen im regionalen und im grossflächigen Vergleich Charakteristika erkennen lassen, die eine nähere zeitliche Einordnung erlauben. In der Baugeschichte der Kirche spiegelt sich die Geschichte der Siedlung. Der Archäologie sind stets nur Teilaspekte zugänglich; Dörfer und auch Friedhöfe können selten vollumfänglich erforscht werden. Dies ist schon eher möglich bei einer Kirchenanlage, die auch unter diesem Gesichtspunkt als aussagekräftige «pars pro toto» gelten darf.

Wie die Archäologie im allgemeinen, so studiert die Bauarchäologie sich überlagernde Schichten (Bauschichten) und versucht, sie im horizontalen örtlichen und im vertikalen zeitlichen Zusammenhang zu deuten. Sie ist nicht einfach illustrierender Seitenzweig der Geschichtsforschung, sondern sie wendet sich Arbeitsgebieten zu, die in der schriftlichen Überlieferung kaum fassbar werden wie zum Beispiel Wohnhausbau, Alltagsleben und so fort. Damit ermöglicht sie oft eine differenzierte Interpretation allgemeiner historischer Begriffe (Stadtmauer, Wikburgen [feste Häuser in Siedlungen], Kirche usw.), füllt durch die Untersuchung materieller Quellen auf ihre Art Lücken in der schriftlichen Überlieferung und korrigiert allzu literarisch verfärbte Vorstellungen. Archäologie vermag das «Dass» und das «Wie» der Siedlungsgestalt und der Siedlungsentwicklung im grossen sowie anhand einzelner Bauten und Baukomplexe bis ins einzelne aufzuzeigen. Sie zeichnet eine Stadtgeschichte anhand der «Monumente» nach, und sie kann sogar da und dort durch Veranschaulichung und Vergleich Fragen nach dem «Warum» evident oder absehbar machen. Zwar sind die hoch- und spätmittelalterlichen schriftlichen Quellen zur Geschichte unserer Siedlungen noch längst nicht ausgeschöpft, aber das Tempo, in dem die «monumentalen», die Sachquellen infolge anhaltender Bautätigkeit untersucht werden (müssen), und die infolgedessen massenhaft und vielfältig geförderten bauarchäologischen Erkenntnisse machen die Siedlungs- und Stadtkernforschung in unseren Jahrzehnten zur ergiebigsten Quellengattung, die indes nicht nur Antworten, sondern auch Fragen aufwirft, deren Beantwortung zum Teil interdisziplinäre Zusammenarbeit voraussetzt.

Anmerkungen

[1] JEAN HUBERT, Archéologie médiévale, in: L'histoire et ses méthodes, Paris 1961 (Encyclopédie de la Pléiade, 11), S. 1227 f.
[2] Zur Geschichte der Archäologie, besonders im 19. Jahrhundert, Verständnis, Tendenzen, Personen, vgl.: FRANZ GEORG MAIER, Von Winkelmann zu Schliemann – Archäologie als Eroberungswissenschaft des 19. Jahrhunderts (GERDA HENKEL Vorlesung), hrsg. von der gemeinsamen Kommission der Rheinisch-Westfälischen Akademie der Wissenschaften und der Gerda Henkel Stiftung, Opladen 1992. – Über die Entwicklung im allgemeinen orientieren auch ältere Handbücher und «Einführungen» ausführlich, zum Beispiel: JOHANNES A. H. POTRATZ, Einführung in die Archäologie, Stuttgart 1962 oder CARL-MARIA KAUFMANN, Handbuch der Christlichen Archäologie, Paderborn 1922. – Zur Entwicklung in der Schweiz zusammenfassend: ALBERT NAEF, Art. Archaeologie, in: Historisch-Biographisches Lexikon der Schweiz 1, Neuenburg 1921, S. 414–416. Ferner zum Beispiel: Erster Jahresbericht der Schweiz. Gesellschaft für Urgeschichte, im Auftrag des Vorstandes erstattet von J. Heierli, Zürich 1909, S. 1 ff und HANS ERB, Chronisten und Altertümer, Archäologen und Ausgrabungen in Graubünden, in: Neue Bündner Zeitung, Nr. 174, 29. Juni 1968 und Nr. 284, 26. Oktober 1968.
[3] JOSEF ZEMP, Das Restaurieren, in: Schweizerische Rundschau 7, 1906/7, Nr. 4, S. 249–258, S. 257.
[4] WOLFRAM HOEPFNER; ERNST-LUDWIG SCHWANDNER, Haus und Stadt im klassischen Griechenland, München 1986 (Wohnen in der klassischen Polis, I).
[5] ZDZISLAW RAJEWSKI, Die Besiedlung von Biskupin und Umgebung in der frühen Eisenzeit, in: Frühe polnische Burgen, Weimar 1960, S. 9–26. – R. GRENZ, Art. Biskupin, in: Reallexikon der Germanischen Altertumskunde 3, Berlin 1978, S. 46–50. – KLAUS GOLDMANN (Hg.), Biskupin, ein polnisches Pompeji. Eine Ausstellung des Staatlichen Archäologischen Museums in Warschau, Berlin 1985.
[6] Zum Beispiel: GERTA WOLFF, Das Römisch-Germanische Köln, Führer zu Museum und Stadt, Köln 1981.
[7] LINUS BIRCHLER, Restaurierungspraxis und Kunsterbe in der Schweiz, Zürich 1948 (Kultur- und Staatswissenschaftliche Schriften ETH Zürich, 62), S. 19.
[8] HUGO BORGER, Zu den Ausgrabungen unter den Kölner Kirchen, Köln 1984 (Stadtspuren. Denkmäler in Köln, 1), S. 110–129, S. 119. – Für allgemeine Orientierung: Köln, Führer zu vor- und frühgeschichtlichen Denkmälern I–III, hrsg. vom Römisch-Germanischen Zentralmuseum in Mainz, Köln 1908.
[9] Für allgemeine Orientierung: Trier, Führer zu vor- und frühgeschichtlichen Denkmälern, 2 Teile, hrsg. vom Römisch-Germanischen Zentralmuseum in Mainz, Mainz 1977. – Dazu: 2000 Jahre Stadtentwicklung Trier. Ausstellungskatalog, Trier 1984.
[10] H. T. WATERBOLK; J. W. BOERSMA, Bewoning in voor- en vroeghistorische tijd, in: W. J. Formsma u. a. (Hrsg.), Historie van Groningen, Groningen 1976, S. 13–74. – H. T. WATERBOLK, Art. Ezinge, in: Reallexikon der Germanischen Altertumskunde 8, Berlin 1991, S. 60–76.
[11] ERICH HERZOG, Die ottonische Stadt, Berlin 1964.
[12] BÉATRICE PRIVATI, La nécropole de Sézegnin (Avusy-Genève) (IVe–VIIIe siècle), Genève/Paris 1983. – CHARLES BONNET, BÉATRICE PRIVATI, Nécropole et établissement barbares de Sézegnin, in: Helvetia Archaeologica 24, 1975, S. 98–114.
[13] Vorromanische Kirchenbauten. Katalog der Denkmäler bis zum Ausgang der Ottonen, hrsg. vom Zentralinstitut für Kunstgeschichte, bearbeitet von Friedrich Oswald, Leo Schaefer, Hans Rudolf Sennhauser, München 1966, S. 304. – GUDRUN SCHNEIDER-SCHNEKENBURGER, Churrätien im Frühmittelalter auf Grund archäologischer Funde, München 1980, S. 66–69, 179–185. – Jürg Rageth, Archäologische Entdeckungen in Schiers (Prättigau GR), in: Zeitschrift für Schweizerische Archäologie und Kunstgeschichte 45, 1988, S. 65–108.
[14] Literatur vgl. Vorromanische Kirchenbauten (wie Anmerkung 13), S. 296–301 und Nachtragsband 1991, S. 364 f.
[15] Wichtigste Literatur bei HANS RUDOLF SENNHAUSER, Zurzach zur Zeit der Gründung der Eidgenossenschaft, in: Jahresschrift der Historischen Vereinigung des Bezirks Zurzach 1991, Nr. 20, S. 25.

Abbildungsnachweis

1: HOEPFNER/SCHWANDER (wie Anmerkung 4), S. 82. – 2: GRENZ (wie Anmerkung 5), S. 48. – 3, 4: ERNST SCHIRMACHER, Stadtvorstellungen, München/Zürich 1988, S. 96, 97. – 5: 2000 Jahre Trier (wie Anmerkung 9), S. 40. – 6: WATERBOLK, in: Reallexikon (wie Anmerkung 10), S. 63. – 7: HERZOG (wie Anmerkung 11), S. 241. – 8, 9: Alfred Hidber, Institut für Denkmalpflege ETH Zürich, Sektion Zurzach.

Gert Thomas Mader

Bauforschung und die Erkundung von Bauschäden

Die Erforschung der Geschichte gebauter Werke, verkürzt Bauforschung genannt, ist eine der wichtigsten Hilfswissenschaften der Denkmalpflege, insbesondere bezüglich der Praxis der Massnahmen. Sie setzt die Arbeit der Inventarisation durch vertiefende Forschung am Einzelfall[1] fort. Die Klärung der Baugeschichte ist notwendige Voraussetzung für die Erarbeitung eines denkmalpflegerischen Konzepts, wenn die Massnahme in die Substanz des Denkmals eingreifen wird. Dieser Fall ist bei den meisten Massnahmen, auch solchen rein konservatorischen Charakters, zu erwarten. Im Rahmen des denkmalpflegerischen Konzepts werden Vor- und Nachteile der verschiedenen technischen Varianten diskutiert und abgewogen, mit denen der beabsichtigte technische Erfolg erreicht werden kann. Das für die Denkmalpflege wichtigste Kriterium bei dieser Abwägung ist die Erhaltung oder Reduzierung der Denkmalaussage. Da die Denkmalaussage meist zum überwiegenden Teil, oft auch ausschliesslich von der materiellen Substanz des Denkmals repräsentiert wird, einerseits vom Eindruck des Gesamten und seiner Teile, andererseits von der Vielzahl der geschichtlichen Baubefunde, dient die Lokalisierung der aussagekräftigen Bereiche und ihre Erläuterung dem denkmalpflegerischen Konzept als Richtschnur für die Beurteilung der Verträglichkeit aller Eingriffe. Die spezifische Methode der historischen Bauforschung, viele ihrer Ergebnisse auf dem Wege der Beobachtung und Bewertung der technischen Eigenschaften des Untersuchungsobjekts zu gewinnen, ermöglicht auch häufig Aussagen über die technische Verträglichkeit von Eingriffen. Dieses Gebiet wird aber nicht vollständig abgedeckt, so dass die Heranziehung anderer Disziplinen notwendig ist (z.B. bezüglich der chemischen Reaktionen neu einzubringender Stoffe).

Nicht nur Bauwerke, auch Ausstattungen, Möblierungen und Kunstwerke (soweit sie gebaut sind) haben eine baugeschichtliche Biographie, so dass das Arbeitsfeld sehr vielseitig ist. Die Vielseitigkeit wird durch die in den letzten Jahren angeforderten oder einbezogenen Leistungen belegt. Reinhold Winkler untersuchte den romanischen Baldachin im Westchor des Augsburger Domes und beschäftigte sich mit der Aschaffenburger Tafel[2], Gotthart von Montgelas zeichnete und interpretierte die Lettnerbrüstungen der Franziskanerkirche in Rothenburg[3], Herbert van Beek nahm Flügelaltäre im Würzburger Raum auf, Ruth Geiger und Claudia Worek stellten die Mechanik und den konstruktiven Aufbau der barocken Orgel von Maihingen[4] dar, um nur einige Arbeiten dieser «Randbereiche» der Bauforschung zu nennen. Viele dieser Arbeiten entstanden in enger Zusammenarbeit mit Restauratoren oder Kennern der fachspezifischen Materie. Seit in der Restauratorenschaft die Bereitschaft gewachsen ist, Kunstwerke nicht nur als ästhetische, sondern auch als geschichtliche Werke zu sehen, beschäftigen sich manche Restauratoren – abgesehen von der technischen Vorbereitung der Restaurierungsentscheidungen – auch mit baugeschichtlichen Fragestellungen um zu lernen, dass es nicht unbedingt um die Freilegung einer Erstfassung oder einer besonders schönen Fassung und nicht um die Aufspürung dekorierter Bereiche gehen muss, sondern dass die ganze historische Wirklichkeit des Denkmals manchem Restaurierungswunsch entgegenstehen kann. So kann es auch beachtliche Beiträge von Restauratoren zur Bauforschung geben[5].

Neben diesen Aufgabenbereichen müsste die historische Bauforschung auch ihr «klassisches» Arbeitsfeld, das der Erforschung verschütteter Ruinen, überbauter Siedlungsbereiche und Vorgängerbauwerke, mit der entsprechenden Grabungs-, Dokumentations- und Auswertungsmethode abdecken, in kollegialer Zusammenarbeit mit dem Mittelalter- oder Neuzeitarchäologen, dem Experten für Funde und weitere archäologische Fragen im modernen Team[6]. Erstklassige Arbeit kann geleistet werden, doch wirkt sich hier immer wieder die Interessenpolitik der Archäologie erschwerend aus. Den Schwerpunkt der Arbeit bildet nach wie vor die Untersuchung aufrecht stehender Denkmäler, immer veranlasst durch beabsichtigte bauliche Massnahmen, die vorbereitet und gesteuert werden müssen, oder durch laufende Massnahmen, bei denen eine Vorbereitung vergessen wurde, so dass die historisch wichtigen Zeugnisse, die dadurch verloren gehen, notdokumentiert werden müssen.

Aus denkmalpflegerischer Sicht wäre es wünschenswert, Eingriffe in Denkmäler nur dann vorzunehmen, wenn Bauschäden das Denkmal gefährden oder eine Nutzung, insbesondere Wohnnutzung, nicht mehr zumutbar ist, weshalb eine auf die Denkmaleigenschaft abgestimmte Verbesserung erreicht werden muss. Leider ist es aber wesentlich häufiger, dass den Baudenkmälern Nutzungen, Modernisierungen und Verschönerungen aufgezwungen werden, meist bei ausreichend intakter Bausubstanz. Der Umgang mit historischen Bauwerken ist im Durchschnitt nicht nur bei der Planung, sondern auch bei der Baudurchführung rigoros und wird durch nachträgliche Schliessung der Wunden sowie Verschönerungen kaschiert. Das geht so weit, dass vorsichtige und verständnisvolle Bauherren von Planern oder Firmen zu Massnahmen überredet werden, die sich oft bereits beim Bauen, häufig auch erst langfristig als schädlich erweisen und die historische Aussage des Denkmals unnötig schmälern. Seit 1976 wurde im Bayerischen Landesamt für Denkmalpflege versucht, durch Ausbildung in Methoden der Bauaufnahme, Bauforschung und Planung, seit etwa 1990 durch Fortbildung auch im Bereich der Ausführung[7] zu schonenderen Ergebnissen zu kommen. Bei einem Treffen der Bauforscher in Irsee 1985 stellte das Bayerische Landesamt für Denkmalpflege Erfolge solcher Bemühungen in einer Ausstellung vor[8]. Die Erfolge durften angesichts der sehr bescheidenen Personalkapazität im Landesamt, die für Ausbildung und Betreuung zur Verfügung steht, und angesichts der grossen Zahl gleichzeitig ablaufender Massnahmen im Flächenstaat Bayern nicht überschätzt werden. Johannes Cramers 1987 publizierte bildhafte Darstellung der Zustände[9] und Georg Mörschs wiederholte Appelle[10] belegen, was landauf landab im Durchschnitt der Fälle ablief und nach wie vor abläuft[11]. Nachdem die theoretischen Zielsetzungen der Denkmalpflege schon bald nach der Jahrhundertwende weitgehend geklärt waren[12] und inzwischen ein methodisches Instrumentarium zur Beurteilung von Baudenkmälern und zur Planung von Massnahmen erarbeitet ist, gibt es durchaus Chancen, doch noch eine Wende im Umgang mit Baudenkmälern einzuleiten, allerdings nur, wenn sich eine ausreichend grosse Zahl von Denkmalpflegern mit den Methoden vertraut macht und wenn aufgrund dessen die Arbeiten am Objekt völlig anders gestaltet werden, als es heute meist noch üblich ist.

Zu diesen Methoden gehören auch die der Feststellung und Beurteilung von Schäden. Bei der Arbeit des historischen Bauforschers ist die Erfassung von Schäden zunächst einmal ein Nebenprodukt, das immer dann anfällt, wenn ein Bauwerk zum Zweck der Beurteilung der historischen Entwicklung genauer dargestellt wird. Es besteht immer ein enger Zusammenhang zwischen der geschichtlichen Entwicklung eines Objekts und der Entwicklung seiner Schäden. Häufig versteht man Schadensbilder nur teilweise, wenn man sie als Momentaufnahme sieht. Das gilt natürlich weniger für einfache, lokale Beschädigungen, die durch Wasser und Schädlinge verursacht wurden, die auch meist einfach zu beheben sind, sondern für Veränderungen und Schäden, die sich durch grössere Bereiche des Gefüges ziehen. Die lagerichtige und formgetreue Darstellung einer Konstruktion und der bereits rein äusserlich erkennbaren Phänomene (wie z. B. Ausbesserungszonen und Risse) ermöglicht schon recht gute Einblicke in Probleme des Verhaltens der Konstruktionen und Baustoffe in der konkreten Gefüge- und Nutzungssituation und ermöglicht vor allem weiterführende Fragestellungen. Mit Hilfe solcher Eindrücke wird eine Schadenserhebung meist besser und gezielter gesteuert als durch pauschale Grundsätze, die zwar notwendig sind, um Ziele und Standards zu formulieren, aber Erfahrung und fachliches Wissen nicht ersetzen können. Auch bei der Schadensuntersuchung sollen schematische Untersuchungsprogramme, die meist zu übertriebenem Aufwand und unergiebigen Ergebnissen führen, vermieden werden.

Die bei der baugeschichtlichen Erfassung gewonnenen Eindrücke und Schlussfolgerungen dienen der Diskussion und Ergänzung der Schadensuntersuchung, die der Tragwerksplaner in eigener Verantwortung ausführen muss, zu der er aber sinnvollerweise die bereits gezeichneten Unterlagen heranziehen sollte, die er dann anhand seiner Fragestellungen ergänzen kann.

Nicht immer muss ein Statiker oder Tragwerksplaner beigezogen werden. Halten sich Spannweiten, Querschnitte und Lasten im bekannten Rahmen, gibt es keine Hinweise für Spannungen, die nicht aufgenommen werden, wie Risse, Klaffungen, stärkere Verformungen oder andere auf Systemprobleme deutende Indizien, sondern nur lokale Schäden – gleich welcher Häufigkeit –, kann die Schadensaufnahme durch den qualifizierten Handwerker erfolgen. Der geschulte Handwerker arbeitet nach meinen bisherigen Erfahrungen bei der Untersuchung zerstörungsfreier, da er als Praktiker seinen Werkstoff besser kennt und ein sichereres Urteil als der Ingenieur hat. Mit der Kartierung hat er manchmal Schwierigkeiten, die der zeichengewohnte Ingenieur nicht kennt.

Die frühzeitige Beobachtung und Beurteilung von Schäden soll eine bessere Praxis der Baudenkmalpflege erlauben. Das ist jedoch nur der Fall, wenn sie in konservatorische Kenntnisse und Arbeitsprinzipien eingebunden ist. Der Grundgedanke einer solchen Schadenserfassung ist am Vorbild der Kunstdenkmalpflege orientiert. Das Baudenkmal soll mit ähnlicher Gewissenhaftigkeit betreut werden. Bedeutendere Kunstwerke werden heute laufend bezüglich ihres Zustandes kontrolliert. Dazu dienen Wartungsverträge mit Restauratoren. Machen sich zunehmende Schäden bemerkbar, die im Rahmen des Wartungsvertrages nicht mehr behoben werden können, wird eine Schadensaufnahme als Voraussetzung einer konservatorischen Sicherung erarbeitet, das heisst, das konservatorische Konzept der sichernden Eingriffe wird auf dieser Grundlage entwickelt. Es stellt sich die Frage, ob bei Baudenkmälern – von der Problematik der Nutzung einmal abgesehen – in gleicher Weise vorgegangen werden kann oder ob hier weitere Faktoren beachtet werden müssen.

Ein einfaches Beispiel, welches die technische und denkmalpflegerische Problematik gut illustriert, ist die Instandsetzung des bedeutenden gotischen Dachwerks der ehemaligen Minoritenkirche in Regensburg, welche 1982 durchgeführt wurde[13]. Als Dachziegel herabstürzten und Passanten gefährdet wurden, wollte die Stadt Regensburg eine Sofortmassnahme durchführen und das Dach umfangreich verstärken. Es wurde argumentiert, dass auf umständliche Projektvorbereitungen wie zum Beispiel ein Bauaufmass wegen Eilbedürftigkeit verzichtet werden müsse. Die von der Stadt vorgeschlagenen Lösungen überzeugten nicht. Sie entstellten die Dachkonstruktion. Die Stadt meinte, dass die Entstellung hinnehmbar sei, weil das Dachwerk nicht sonderlich bedeutend sei, sicherlich weniger bedeutend als das des historischen Rathauses und dass im übrigen die Gesichtspunkte der Sicherheit zu der Umbaulösung zwängen. Keines der Argumente konnte überzeugen. Die Eilbedürftigkeit war vorgeschoben, da die Strasse teilgesperrt werden konnte. Die historische Bedeutung des Dachwerks wurde völlig verkannt. Die vorgeschlagene Lösung war keineswegs technisch zwingend: für alle derartigen Aufgaben stehen meist mehrere technisch gleichwertige Lösungswege zur Verfügung.

Das Landesamt liess trotz des Drucks der Verhältnisse wenigstens eine Bauaufnahme erstellen. Sie nahm weniger als vierzehn Tage in Anspruch und beschränkte sich auf das Notwendigste: einen Grundriss und einen

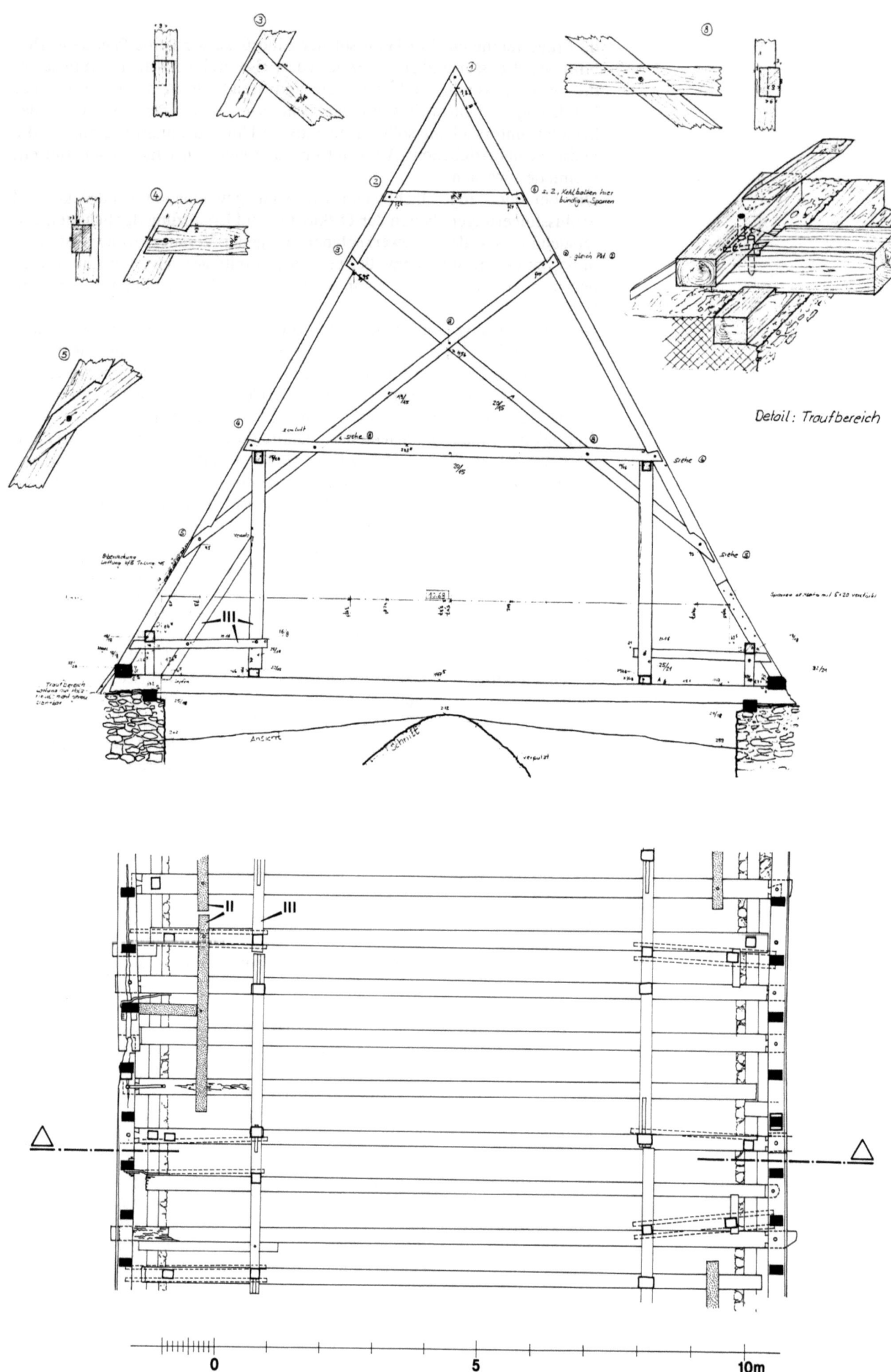

*Abb. 1 Regensburg, ehemalige Minoritenkirche.
Notaufnahme des gotischen Dachwerks (dendrochronologisch nach 1347 datiert) von Josef Sattler.
Oben: Querschnitt, originales Bauaufmass im Ausschnitt; unten: Teilgrundriss, Umzeichnung, gepünktelt: historische Sanierungsmassnahme (II). Der stehende Hilfsstuhl mit Schwelle, Stützen, Pfette, Zangen und Kniestock stellt einen weiteren Sanierungsversuch in unserem Jahrhundert dar (III). Wesentlich beim ursprünglichen Dach ist der unterschiedliche Rhythmus von Balken- und Sparrenlage, so dass die Schwellen die Sparrenfüsse und das gesamte Dachgewicht tragen müssen. Eine statisch problematische, aber baugeschichtlich bezeichnende, sehr wichtige Situation.*

Abb. 2 Regensburg, ehemalige Minoritenkirche, Dachfussdetail.

a) Historische Lösung. Die Schwelle kann den Schub des Dachwerks kaum aufnehmen. Aufgrund der Schwind- und Quellbewegung des Holzes ist sie bei allen Schwalbenschwanzverkämmungen nach aussen gerutscht. Die Holznägel sind abgeschert. Der Stirnversatz der Sparren quer zur Faser der Schwelle ist schlecht. Sie wird gespalten oder bricht bei geringen Verschlechterungen der Holzfestigkeit (zum Beispiel Schädlingsbefall). Sie kann kippen.

b) Beispiel der Diskussion einer statischen Entlastung des historisch wertvollen Fusspunktes durch Ersatzkonstruktionen, die die Lasten abfangen, so dass er technisch unbe-

Schemaschnitt, der aber im Konstruktionsdetail ausgearbeitet wurde (Abb. 1). Auf wünschenswerte Längsschnitte mit Ansichten in beide Richtungen und eine Schadenskartierung musste verzichtet werden. Eine Schadensbeobachtung und Nachrechnung der Lastfälle[14] anhand der Bauaufnahme ergab, dass die bisher vorgeschlagenen Lösungen auch technisch unzureichend waren und auf die vorhandene Schadensproblematik nicht eingingen. Der Schaden beschränkte sich weitgehend auf den mangelhaft konstruierten Dachfuss, der überwiegend schadhaft war, was bereits zu zwei Reparaturphasen in diesem Bereich geführt hatte. Aufgrund der – sehr eingeschränkten – Voruntersuchung konnte die Massnahme auf eine wesentlich kostengünstigere Dachfussreparatur reduziert werden, die ausserdem auch technisch den alten Vorschlägen überlegen war.

Die erste Lösung, die normalerweise vorgeschlagen und vom Denkmalpfleger begrüsst wird, ist die einer Reparatur in Form von Auswechslung und Erneuerung der schadhaften Hölzer in Zimmermannstechnik. Diese Lösung wäre hier sowohl denkmalpflegerisch (vgl. weiter unten) als auch technisch grundfalsch gewesen: man wird nicht ein von Anbeginn mangelhaftes Konstruktionsdetail wiederherstellen. Die Schubkräfte des Daches werden bei dem in Abbildung 2 gezeigten Fusspunkt nicht von Zerrbalken, die die Sparren zugfest verbinden, kompensiert, sondern umwegig von einer Ankerbalkenlage über eine Schwelle aufgenommen. Die Schwelle sitzt schwalbenschwanzförmig verkämmt auf den Ankerbalken, die in grösseren Abständen als die Gespärre angeordnet sind. Die in die Schwelle mit Stirnversatz gestelzten Sparren leiten den Schub quer zur Faser der Schwelle in einen dünnen Steg ein, der bereits in gesundem Zustand überlastet ist, bei Fäulnis oder Anobienbefall sehr schnell ausbricht. Die Schwalbenschwanzverkämmungen der Schwellen mit den Ankerbalken lassen die schubbeanspruchte Schwelle bei Trockenheit durch Schwund der Schwalbenschwänze nach aussen rutschen. Quellen die Schwalbenschwänze wieder, entsteht lediglich Druck in den Flanken. Die Schwelle kann nicht mehr zurückrutschen, da sie weiterhin unter den Schubspannungen steht. Inzwischen ist aber der Holznagel abgeschert, der die Verbindung sichern soll. Jetzt wird sich die Schwelle langsam – der Richtung der aus dem Sparren eingeleiteten Kraft entsprechend – nach aussen drehen. Bei fortschreitender Verformung wird der Sparren aus seinem Versatz rutschen. Die kreuzförmige Verstrebung des Gespärres versucht, der Spreizung des Dachfusses entgegenzuwirken. Im unteren Teil des Sparrens entsteht ab dem Strebenanschluss ein Biegemoment. Wenn man diesen Fusspunkt als schlechte und fehlerhafte Konstruktion verwirft, wird man der Situation nicht gerecht, denn man vernachlässigt seine konstruktionsgeschichtliche Bedeutung.

Die naheliegende Entscheidung des Ingenieurs, alle Fusspunkte dieser Art durch besser konstruierte zu ersetzen, da alle mehr oder weniger schadhaft sind, ist denkmalpflegerisch ungemein schädlich, da ein baugeschichtlich sehr wichtiger Befund verloren gehen würde. Zwar wäre eine Datierung des Dachwerks anhand der typischen Abstrebungen, der Gleichartigkeit aller Gespärre, des Fehlens eines Dachstuhls und mittels dendrochronolo-

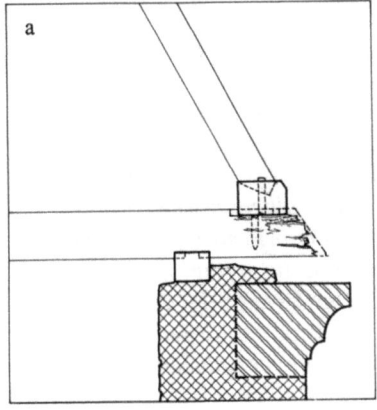
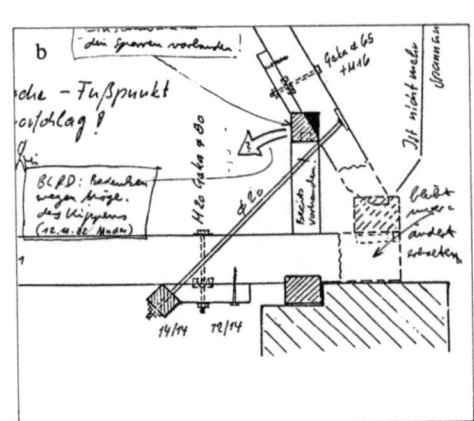
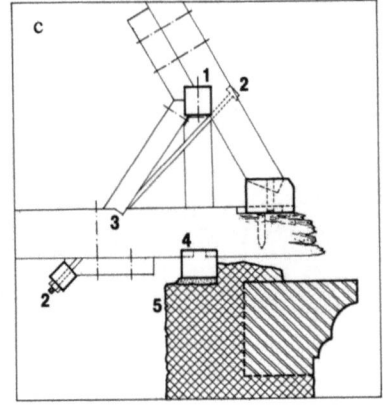

gischer Untersuchung in das 14. Jahrhundert nach wie vor möglich. Die Ausbildung des Fusspunktes ist jedoch eines der wichtigsten Charakteristika, welches für die Architekturgeschichte der Dachwerke und Holzkonstruktionen regionale wie überregionale Entwicklungen aufzeigt. Das Fehlerhafte markiert bei einem so wichtigen Bau der damaligen Zeit den Stand der technischen Fähigkeiten und Kenntnisse. Eine Instandsetzung, die sich ausschliesslich am Schadensbild orientiert, würde also in diesem und vielen ähnlich gelagerten Fällen zu krassen denkmalpflegerischen Misserfolgen führen und wesentliche Aussagen der historischen Substanz eliminieren. Für die denkmalpflegerische Entscheidung stehen daher die baugeschichtliche Untersuchung, verkürzt «Bauforschung» (mit Aufmass, Befundbeobachtung), und ihre Ergebnisse an erster Stelle, die Schadenserfassung an zweiter Stelle; häufig gehen beide Hand in Hand. Die Beschränkung auf die Erfassung von Schäden birgt indessen immer Risiken, weil die baugeschichtlich-denkmalpflegerische Steuerung der Massnahmen fehlt.

Bei der Minoritenkirche führte die baugeschichtliche Bewertung zu einer Zusatzkonstruktion, die den Kraftfluss so umlenkte, dass der historische Knotenpunktsbereich statisch nicht mehr beansprucht war. Das Konzept sah vor, den entlasteten Bereich holzkonservierend zu sichern und zu erhalten. Dieses Konzept wurde entweder der Bauleitung nicht weitervermittelt oder es blieb unverstanden. Leider wurden die schadhaften Stellen entgegen dem Konzept in Baustellenmanier amputiert und erneuert. Die Stadt Regensburg war nicht bereit gewesen, entweder eine Werkplanung dieses Punktes zu machen, die eine eindeutige, unmissverständliche Anweisung für den Betrieb gewesen wäre, oder – besser – einen ansässigen Holzrestaurator mit diesem Bereich der Leistungen zu beauftragen. Erhalten blieben eher durch Zufall sehr wenige alte Punkte, weil sie noch nicht schadhaft waren (Abb. 3).

Inzwischen hat sich die Situation in Regensburg gebessert. Dank der qualifizierten Neubesetzung der Leitung der Unteren Denkmalschutzbehörde dürfte ein derartiger Fall wohl nicht mehr möglich sein. Leider ist das nicht überall so. Die Stadt Rothenburg scheint bis heute kein denkmalpflegerisch qualifiziertes Personal zu besitzen, denn sie liess noch 1988 eine Sanierung des ebenso bedeutenden originalen Dachwerks der Franziskanerkirche[15] aus dem 14. Jahrhundert ohne Bauaufmass, ohne baugeschichtliche Untersuchung und ohne Prüfung von Schäden und statischen Verhältnissen, also eine völlig unkontrollierbare «Reparatur» ohne Planung, nach Anweisungen auf der Baustelle zu. Die Entscheidungen traf ein Techniker ohne baugeschichtliche und denkmalpflegerische Kenntnisse. Dieses Vorgehen ist einem solch bedeutenden Bestand nicht angemessen.

rührt bleiben kann. Anmerkungen des Denkmalpflegers Dr. Koenigs zu einem Vorschlag des Tragwerksplaners. Bei allen Versuchen, den Fusspunkt selbst zu reparieren und tragfähig zu machen, geht seine historische Aussage durch Eingriffe in die Substanz verloren.

c) Denkmalpflegerisch akzeptable Lösung. Die schöne Raumwirkung des Dachwerks wird kaum gestört. Der historische Fusspunkt kann weitgehend geschont werden und benötigt nur noch hygienische Massnahmen. Für die Umlenkung der Kräfte gibt es auch andere Lösungsvarianten.
1: Aufklauung des bisherigen Kniestocks wird wieder benutzt.
2: Der Anker wird nur durch den Sparren, sonst überwiegend frei geführt.
3: Der Stirnversatz im alten Holz ist denkmalpflegerisch tolerabel, weil er keinen baugeschichtlichen Befund verletzt oder beseitigt.
4: Die Mauerlatte muss, wo nötig unter Respektierung der Verkämmungen, ausgetauscht werden.
5: Ein Ringanker ist vom Schadensbild nicht abzuleiten. Er müsste unterhalb der Mauerlatte, nicht an ihrer Stelle eingebaut werden.

Abb. 3 Regensburg, ehemalige Minoritenkirche.
Die Instandsetzung ist denkmalschädigend ausgeführt, da fast alle historischen Dachfüsse unnötigerweise, selbst bei kleineren Schäden, nach Zimmermannsgewohnheit ausgewechselt wurden. Das ist Kosmetik. Das Bild zeigt den geringen, erhaltenen Rest der historischen Schwelle. Bildmitte: richtig. Links: leider wurde die im Prinzip richtige Beilaschung zur Auflagerkonsolidierung so ausgeführt, dass die gesunde Schwelle ausgesägt und die historische Schwalbenschwanzverkämmung zerstört wurde, statt die moderne Lasche geringfügig auszuklinken. Das Detail zeigt die Notwendigkeit denkmalpflegerischer Fortbildung für spezialisierte Werkplaner und Bauleiter.

*Abb. 4a,b Rothenburg, Franziskanerkirche.
Bei der statisch und denkmalpflegerisch unkontrolliert ablaufenden «zimmermannsmässigen» Sanierung des Dachs über dem Hauptschiff wurden die gotischen Fussbänder ausgebaut, unten aus Bequemlichkeit abgesägt und als Attrappen wieder eingebaut, dabei ungeschützt eingeschlagen und beschädigt. Einfache Nägel sollen provisorisch Halt geben.*

Erst als sämtliche Fusspunkte des Dachwerks über dem Langhaus zersägt waren (Abb. 4), wurden diese Arbeiten dem Landesamt bekannt. Das Dachwerk über dem Chor war von der Massnahme noch unberührt geblieben. In wenigen Tagen mussten wieder einmal Bestandspläne von Grundriss und Querschnitt (Abb. 5) und eine Schadensaufnahme nachgeholt werden. Ein qualifizierter Statiker wurde beigezogen[16]. Nach Durchrechnung der Lastfälle kam er mit Hilfe der Forschungsergebnisse des Sonderforschungsbereiches 315 in Karlsruhe zu dem Ergebnis, dass das Dachwerk des 14. Jahrhunderts ausreichend tragfähig sei, wenn heute vereinzelt fehlende Fussbänder kraftschlüssig wieder eingebaut werden würden. Das führte zu der recht unangenehmen Erkenntnis, dass der Zimmererbetrieb bei seiner «Sanierungsarbeit» lieber nicht sämtliche historischen Fussbänder über dem Langhaus hätte absägen sollen. Die Massnahme wäre ja dann – abgesehen von der Vermeidung grosser denkmalpflegerischer und technischer Mängel – wesentlich preiswerter ausgefallen.

Nachdem der Statiker die rein handwerkliche Ergänzung ohne Änderung des Systems für denkbar hielt, war nur noch zu prüfen, ob und wieviele lokale Schäden es gab. Diese konzentrierten sich hauptsächlich auf Mauerlatten und auf wenige Sparrenfüsse. Die denkmalpflegerische Bilanzierung war gut: nur geringe Verluste originaler Knotenpunkte, die bei reiner Reparatur entstehen würden. So schien diese Methode wegen der besseren Ablesbarkeit der historischen Konstruktion und der besseren Wirkung des Ergebnisses vertretbar zu sein. Alternative wäre die schonendere Methode der Reparatur mit additiven Bauteilen (z. B. Laschen, Überzügen), die bei einer Häufung lokaler Schäden in Erwägung gezogen werden muss[17]. Voraussetzung für die Entscheidung war aber auch, dass ein qualifizierter Holzrestaurator zur Verfügung stand, der die heikle und diffizile Arbeit des kraftschlüssigen Einpassens fehlender Fussbänder ohne geringste Beschädigung der historischen Sassen durchführen konnte. Wir konnten hier bereits auf unsere Lehrwerkstätte Thierhaupten und ihren Leiter, Martim

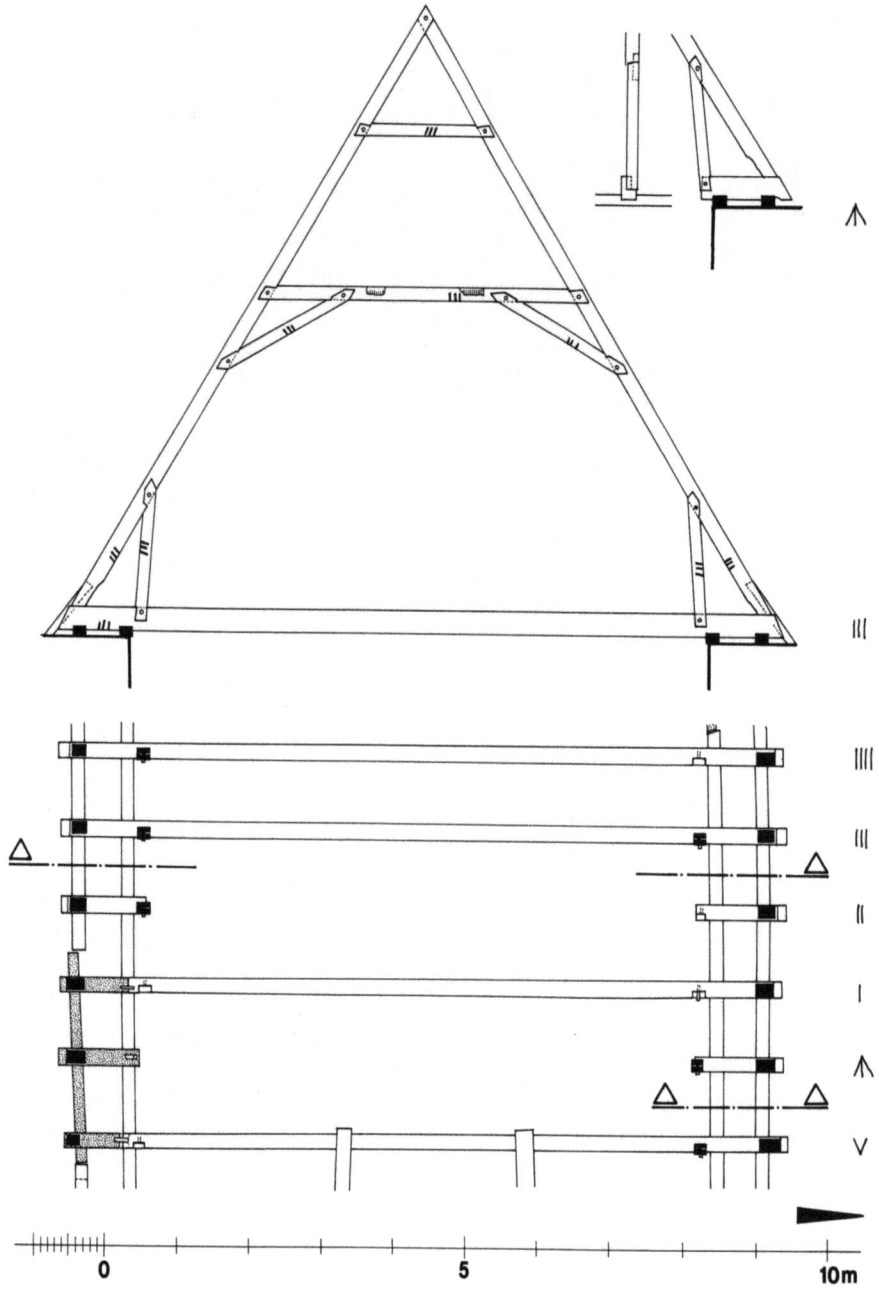

Abb. 5 Rothenburg, Franziskanerkirche.
Querschnitt und Teilgrundriss des Dachwerks über dem Chor. Umzeichnung nach Notaufnahme von Karoline Bauer und Eduard Knoll. Charakteristischer Wechsel von Zerrbalkengespärren und Sparrenknechtgespärren. Ein (überflüssig) im 19. Jahrhundert eingebauter liegender Stuhl (hier weggelassen) sollte das Dach verstärken. Seinem Einbau fielen viele Fussbänder zum Opfer. Auswechslungen des gotischen Bestandes sind gepünktelt. Eine solche Bauaufnahme ist zwingend geboten um erst einmal einen Überblick über das ursprüngliche technische System und die im Lauf der Reparaturgeschichte an ihm vorgenommenen Veränderungen zu gewinnen.

Saar, zurückgreifen. Steht nur ein durchschnittlicher Zimmererbetrieb zur Verfügung, darf man das Risiko nicht eingehen. Bei der Instandsetzung des Mauerlattenauflagers wurde auf den handwerklichen Austausch der geschädigten Mauerlatten verzichtet und das jeweils erforderliche neue Mauerlattenstück seitlich eingebaut. Auch im Fall der Franziskanerkirche in Rothenburg bestätigte sich die oft beobachtete Tatsache, dass sich eine gut geplante, gut recherchierte Massnahme wesentlich einfacher und schonender gestaltet und damit auch preiswerter ist als die im Zusammenhang des Ganzen undurchdachten, improvisierten, ad hoc auf der Baustelle entschiedenen Eingriffe.

Die Methode der Schadenskartierung bei Holzbauwerken (übertragbar auf alle Gliederbauweisen) wurde von Wolf Schmidt in die bayerische Denkmalpflege eingeführt. Sie beruht auf der Erfassung aller Bauteile, ist also eine Art Schadensinventar. Die Methode hat mich interessiert und ich habe eigenhändig mehrere Schadensaufnahmen in dieser Art durchgeführt, um Vorzüge und Nachteile bezüglich denkmalpflegerischer Projektierungen beurteilen zu können. Ich kann hier nicht auf Einzelheiten, insbesondere die verschiedenen Möglichkeiten der Arbeitserleichterung eingehen, son-

*Abb. 6 (S. 40) Kempten, Rotschlössl. Zustandserfassung: Mit dem hier und in Abb. 7 gezeigten Bauteileinventar von Schäden und baugeschichtlichen Befunden wird die Voraussetzung für ein Sicherungskonzept geschaffen, welches die baugeschichtlichen Befunde weitestgehend respektiert. Erst mit der inventarmässigen Erfassung ist ein werkplanerischer Nachweis möglich, der die Verluste bilanziert. Anwendbar für Gliederkonstruktionen, zum Beispiel Fachwerke, Dächer, Geschossdecken. Die Darstellung jedes Bauteils erfordert Rationalisierung, wo sie möglich ist, mit Vorlageblättern. Hier beispielsweise das Vorlageblatt eines Bindergespärres (verkleinert, Original 1:50). Das Vorlageblatt wird kopiert, vor Ort je Gespärre ergänzt. Mit dieser Methode können Verformungen nicht berücksichtigt und dementsprechend bestimmte Systemschwächen auch nicht diagnostiziert werden. Nach der graphischen Ergänzung individueller Situationen werden folgende Eigenschaften eingetragen:
a) Werkstoffschäden in Gradstufen mit Signaturen,
b) sonstige differenzierte Schäden und Mängel mit Positionsnummern,
c) baugeschichtliche Eigenschaften: historische Bundzeichen (neue Gespärrezählung analog), Unterscheidung der Bauteile der ursprünglichen und späterer Bauphasen, punktuelle Erneuerungen, Hinweise auf Besonderheiten.
Wichtige baugeschichtliche Zonen müssen hervorgehoben werden.*

Abb. 7 (S. 41) Kempten, Rotschlössl. Wie Abb. 6, ausgefüllt. Häufig werden nur die Schäden eingezeichnet, was meist an der mangelhaften baugeschichtlichen Schulung der Bearbeiter liegt. Die Ausarbeitung eines denkmalverträglichen Sicherungskonzepts ist ohne baugeschichtlichen Einblick aber nicht möglich. Diese Befunde müssen plakativ hervorgehoben werden, um ihre Berücksichtigung und Schonung zu erreichen. Besonders wichtig ist hier der Überrest von Leisten einer Renaissancedecke zum Verständnis des ursprünglichen Entwurfes des Bauwerkes (vgl. Abb. 8).

dern möchte nur einige wesentliche Gesichtspunkte bringen. Der Vorzug dieses Vorgehens besteht darin, dass eine Werkplanung möglich wird, bei der die verschiedenen technischen Lösungswege bezüglich ihrer Auswirkungen auf die historische Substanz durchgespielt werden können. Nur so lässt sich bei unübersichtlichen Fällen eine denkmalpflegerische Bilanz der Verluste und ein optimiertes, abgesichertes denkmalpflegerisches Konzept erreichen. Bei der Definition des «Verlustes» geht es nicht allein um die quantitative Verlustrate historischen Holzes, sondern auch um die Verluste an baugeschichtlichem Befund, also um qualitative Fragen. Daraus ergibt sich sofort und unmittelbar, dass eine Schadenskartierung aus denkmalpflegerischer Sicht erst dann sinnvoll wird, wenn *gleichzeitig* die baugeschichtliche Analyse und Bewertung erfolgt und wenn die baugeschichtlich wichtigen Befundbereiche auffällig und deutlich in der Schadensaufnahme deklariert werden. Das Formblatt (Abb. 6) ist daher nicht mit dem Begriff «Schadensaufnahme» sondern mit den Begriffen «Zustand + Baugeschichte» betitelt. Fehlen diese baugeschichtlichen «Warnungen» oder ist die Situation nur undeutlich deklariert, ist eine denkmalpflegerische Steuerung der Massnahme nicht möglich[18].

Am Beispiel des Dachwerks des Rotschlössl in Kempten aus der 2. Hälfte des 16. Jahrhunderts kann die Notwendigkeit der baugeschichtlichen Hinweise gut nachvollzogen werden. Bei der Schadensaufnahme werden nicht nur drei Schadensstufen kartiert und einzelne Mängel beschrieben, sondern auch – wie in Abbildung 7 zu sehen – ursprüngliche Bauteile, Indizien für beseitigte Situationen, spätere Umbauphasen beziehungsweise einzelne lokale Veränderungen beschrieben und baugeschichtlich auseinandergehalten. Das Dachwerk des Rotschlösschens wurde offenbar bereits recht bald nach der Erbauung durchgreifend saniert und dabei auch partiell auseinandergenommen. Nur noch vier von fünfzehn Zerrbalken sind ganz, weitere vier Zerrbalken sind teilweise erhalten. Bei den Fusspunkten ist die Bilanz noch schlechter. Originale ungestörte Fusspunkte gibt es – bei insgesamt dreissig – nur noch bei einem Leergespärre und bei vier Bindergespärren, einer davon jedoch nicht mehr zu halten. Die ursprünglichen Zerrbalken erkennt man an der sauber, rechteckig ausgehobelten Nut, in die ursprünglich ein Fehlboden eingeschoben war. Es ist notwendig, diese wenigen originalen Bereiche klar hervorzuheben, damit dem Tragwerksplaner, dem Architekten und anderen an der Planung Beteiligten sofort, ohne langes Blättern und Erforschen von Befundberichten und baugeschichtlichen Gutachten, die Unantastbarkeit ins Auge springt. Die Eintragung baugeschichtlicher Hinweise und Ergebnisse in einem zweiten Plansatz wäre falsch, da solche «wissenschaftlichen» Dokumentationen von den Planern gerne gelobt und bewundert, aber dann erfahrungsgemäss zur Seite gelegt und nicht berücksichtigt werden. Das ist meist nicht einmal böse Absicht sondern eher Gewohnheit oder Vergesslichkeit angesichts vieler «konkreter» Anforderungen.

Die Untersuchung der Schäden wurde hier von ausgebildeten Mitarbeitern geleistet. Meist ist das die Aufgabe von Mitarbeitern des Tragwerksplaners. Die baugeschichtlichen Befunde wurden vom Verfasser, soweit nicht bereits berücksichtigt, ergänzt. Zu ihnen gehören auch die historischen Bundzeichen und vielerlei Details, wie alte Kaminaussparungen (sehr wichtig), Inschriften, Gesimsanschlüsse, Brandspuren... Dem Tragwerksplaner ist dementsprechend möglichst ein erfahrener Bauforscher zur Seite zu stellen. In diesem Zusammenhang wurden auch bei Gespärre 3 und 5 auf der Unterseite der Zerrbalken in Auflagernähe profilierte Leistenreste einer Holzdecke aufgespürt. Dieser Befund war von grosser Bedeutung für die Interpretation des Grundrisses des zweiten Obergeschosses (Abb. 8), in dem zwischen der grossen durchlaufenden Erschliessungsdiele 201 und dem heute jugendstilvertäfelten Raum 202 nur eine dünne Ziegelwand eingezogen ist. Vorsichtige Befundtests an den Maueranschlüssen und an einem Deckenpunkt zeigten, dass diese Mauer relativ spät eingebaut worden war, denn sie stiess auf mehrfach getünchte Oberflächen und trug

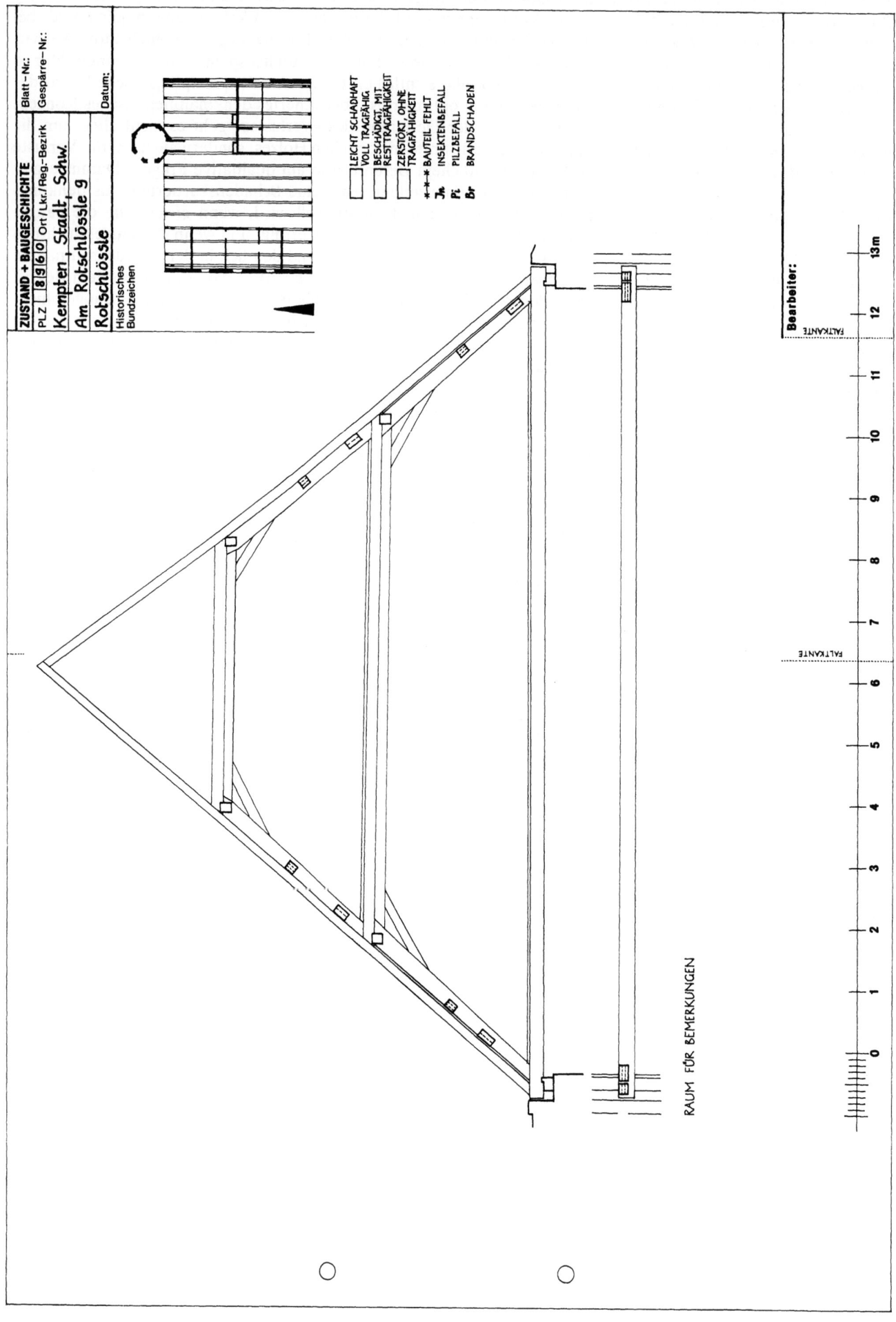

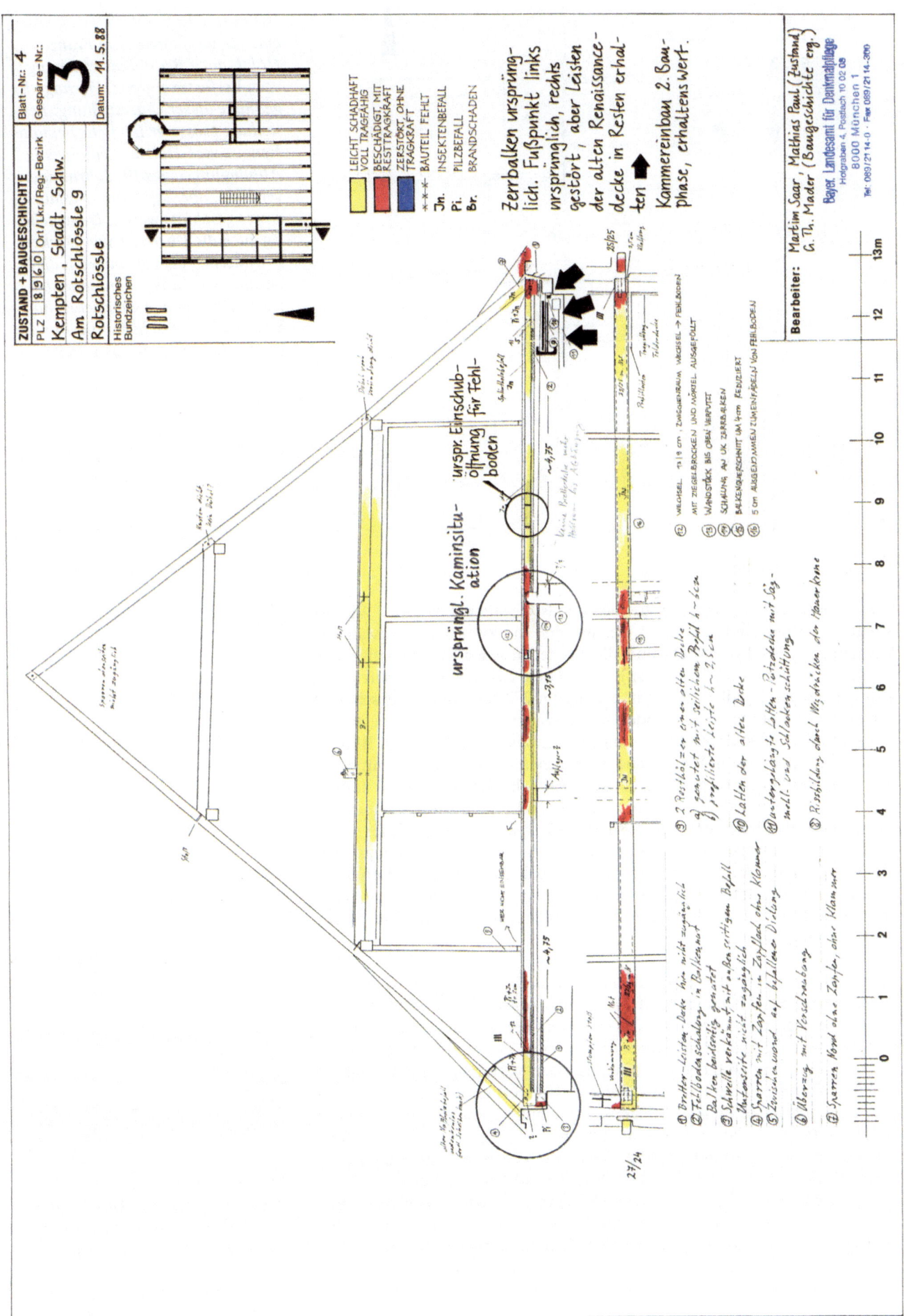

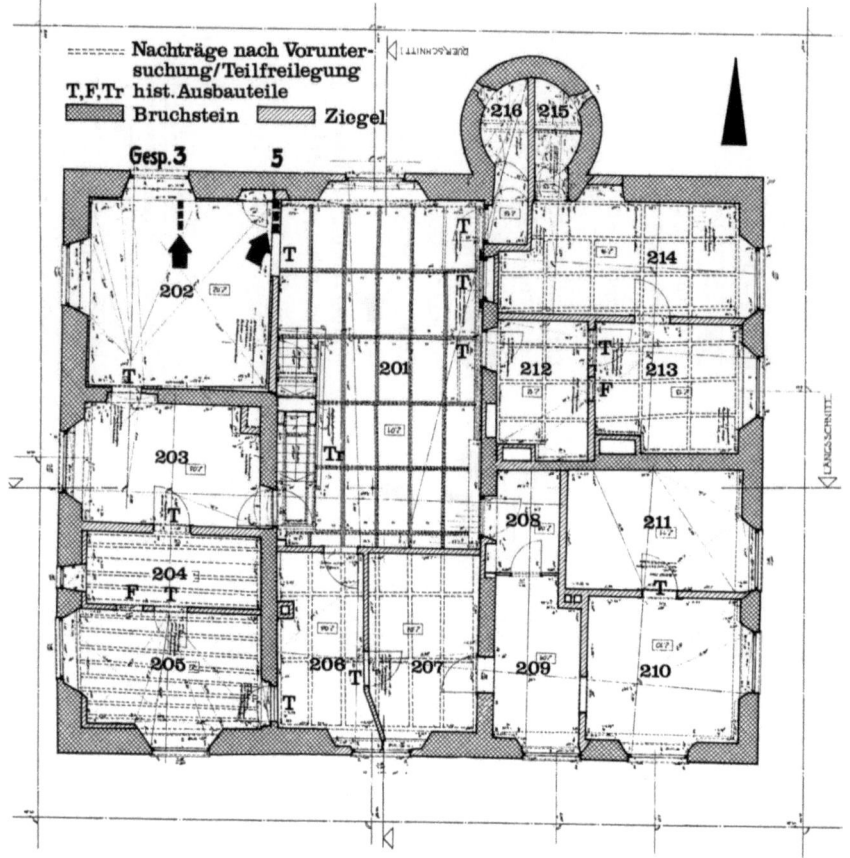

Abb. 8 Kempten, Rotschlössl. Grundriss des 2. OG, Umzeichnung einer Bauaufnahme von Franz Hölzl, nach Befunduntersuchungen vom Verfasser ergänzt. Wichtige Ergebnisse dieser Untersuchung: Feststellung grösserer Bereiche bemalter Renaissance-Holzdecken, die von Abhängungen des 19. Jahrhunderts verdeckt, aber auch vor «Restaurierung» geschützt waren. Dazu gehörig auch die Überreste von Decken-Profilleisten bei «3» und «5», die zusammen mit Wandanschlussbefunden einen ungewöhnlichen hakenförmigen Erschliessungsflur des ersten Bauzustandes beweisen.

selbst wesentlich weniger Tünchschichten als die älteren Wände. Wie die Situation vorher ausgehen hatte, zeigten erst die zwei bereits erwähnten Leistenreste. Ihre Profilierung und alle ihre technischen Eigenschaften sind identisch mit denen der Decke der grossen Diele 201. Die Decke setzte sich also aus der Diele hakenförmig in den Raum 202 fort, und zwar schon in der ersten Bauphase. Diese eindeutige, von mehreren Indizien bestätigte Interpretation führt natürlich zu einigen Komplikationen etwa im Bereich der bis dato dem ersten Bauzustand zugeordneten Lage der Bodentreppe. Im Schadensplan ist auch dieser baugeschichtlich wichtige Befund hervorgehoben, der normalerweise mit tödlicher Sicherheit einer «sauberen», gründlichen Restaurierung der Decken und Dachfüsse zum Opfer fallen würde, denn die spreisselnden Leistenstücke stören jede Ordnungsliebe. Mit Hilfe der deutlichen Hinweise ist es jedoch gelungen, den Befund in der Praxis zu erhalten, zumindest bis zum Zeitpunkt des Photos in Abbildung 9, welches nach dem Abschluss der holztechnischen Instandsetzung gemacht wurde.

Zustandsaufnahmen der geschilderten Art sind natürlich aufwendig. In einfacheren Fällen kann man auf eine solche Aufnahme verzichten, wenn der Baubestand durchschnittlich ist, wenn nur wenige Schäden zu beheben sind und man bereits durch Augenschein einen einwandfreien Überblick (Bilanz) über die Anzahl und Qualität der verlorengehenden Punkte gewinnen kann und wenn ein qualifizierter Holzrestaurator als Vorarbeiter oder eine *eingehend* denkmalpflegerisch geschulte Zimmererfirma auf der Baustelle tätig ist. Nie verzichten sollte man dagegen auf die sparsame baugeschichtliche Bestandsaufnahme des Grundrisses und der nötigen zwei Schnitte. Sie gehören zur obligatorischen Grundleistung. Bei wichtigeren Baudenkmälern und bei unübersichtlich-komplexen Schadensbildern sollte man aber auf die Schadensinventarisation und baugeschichtliche Feinbewertung, die übrigens auch einwandfreie Kalkulation ermöglicht, auf keinen Fall verzichten. Über diese Schadensinventarisation ist dann die Werkplanung zu zeichnen.

Abb. 9 Kempten, Rotschlössl. Das Foto zeigt die in Abb. 7 und 8 festgehaltenen Leisten (unterhalb der neu eingebauten Laschen), die bei der Deckensanierung respektiert wurden. Darunter die abgehängte Decke des 19. Jahrhunderts.

Zu beachten ist noch, dass diese Methode nur lokale Schäden und Probleme des dargestellten Tragsystems wiedergibt, nicht jedoch übergreifende Systemprobleme, die übrigens durch lokale Defekte auch noch überlagert sein können. Solche, oft mehrere Konstruktionsbereiche durchziehende Entwicklungen (z. B. Fundamentdefekte, die sich bis ins Dach fortsetzen, Aussteifungsprobleme, unsachgemässe Entfernung stützender Elemente in unteren Bereichen, die zu erheblichen Verformungen im ganzen Gebäude führen...) können hier nicht diskutiert werden. Darstellung und Begründung des methodisch richtigen Herangehens an solche Fragestellungen würden sehr breiten Raum und mehrere repräsentative Beispiele erfordern. Ein Beispiel möchte ich dennoch streifen, weil es auch bezüglich denkmalpflegerischer Grundpositionen lehrreich ist: Die Schadenssituation der Hauptkuppel der Wieskirche bei Steingaden im Landkreis Weilheim, die inzwischen fertig restauriert worden ist.

Die Kuppel gehört typologisch einer Gruppe von Konstruktionen des 18. Jahrhunderts an, die in Holzspantenbauweise errichtet sind (Abb. 10). Hans-Joachim Sachse hat bereits die wichtigeren Beispiele einschliesslich der zugehörigen Dachwerke untersucht und publiziert[19]. Die Kuppeln sind meist weit gespannt, ermöglichen sehr viel freiere Wölbfiguren als gemauerte Kuppeln und sind – anders als die gemauerten – immer auch zusätzlich in den Dachwerken aufgehängt: zum Teil weich, über Leisten, zum Teil starr durch direkte Nagelung der Spanten an die Kehlbalken oder andere tragende Teile der Dächer. Die Kuppeln zeigen sehr ähnliche Schadensbilder der Putz- und Stuckhaut, die gelockert und oft absturzgefährdet ist. Die Lockerungen sind überwiegend auf dynamische Belastungen zurückzuführen, da die Kuppeln durch die Art ihrer Befestigungen im Dach regelmässig auch an der Aussteifung des Dachwerks gegen Winddruck und -sog beteiligt sind. Einige der Gewölbe zeigen auch typische Rissbilder an den Kuppelinnenflächen, die darauf hindeuten, dass die Kuppeln durch Absinken der Dachwerke inzwischen gestaucht wurden, also unter Umkehrung der ursprünglichen Verhältnisse jetzt das Dach mittragen. In der Wieskirche sind beide Schadenskategorien zu beobachten. Auch weitere Schadensursachen sind nicht auszuschliessen, zum Beispiel thermische Belastungen. Der in der Wieskirche zuständige, verantwortliche Tragwerksplaner beschränkte sich darauf, eindeutig lokale Schäden und Schwachpunkte, zum Beispiel lockere Gesimsunterkonstruktionen, zu konsolidieren[20]. In deutlich gelockerten Bereichen des Stucks wurde mit restauratorischen Mitteln konsolidiert. An die Systemprobleme wurde – zu recht – nicht herangegangen. Es gibt diesbezüglich auf seiten der Bauingenieure auch unterschiedliche Auffassungen: Während Fritz Wenzel, Jürgen Haller und Michael Ullrich anlässlich einer Exkursion des Sonderforschungsbereiches 315 der Universität Karlsruhe der Auffassung waren, die Kuppel könne noch weiter reissen und sollte durch Anhebung des Dachwerks um einen kleinen Betrag entlastet werden, glaubt Bernhard Behringer in seiner Dissertation zum Tragverhalten der Kuppel[21], dass ein Gleichgewichtszustand erreicht sein dürfte. Damit ist das erste der zwei Hauptprobleme angesprochen, welches die Belastung der Kuppel anbelangt. Eine Anhebung auch nur um einen kleinen Betrag lässt sich nicht ohne Eingriffe in das Dachwerk bewerkstelligen, die nicht ganz unbedenklich sind, da sie eine grössere Zahl intakter Knotenpunkte betreffen würden. Das zweite Problem der dynamischen Beanspruchungen liesse sich nur durch die völlige Trennung der Kuppel von der Dachkonstruktion und durch ihre unabhängige Aufhängung wirklich lösen. Im speziellen Fall der Wieskirche ist das technisch nicht realisierbar. Die Spanten sind so eng mit der Balkenlage verbunden, dass eine Trennung die gesamte innere Putzschale einschliesslich Deckengemälde und Stuckierung gefährden würde. Eine weitere Möglichkeit wären zusätzliche Aussteifungen der Kuppel zu den Aussenmauern, die einen beträchtlichen Aufwand ohne garantierte Wirkung erfordern würden. Alle Theorien gehen vom jetzigen Schadensbild aus. Prognosen sind nicht abgesichert, da der jetzige Zeitschnitt als einzige zur Verfügung stehende «Momentaufnahme» für die Beurteilung des Schadensprozesses

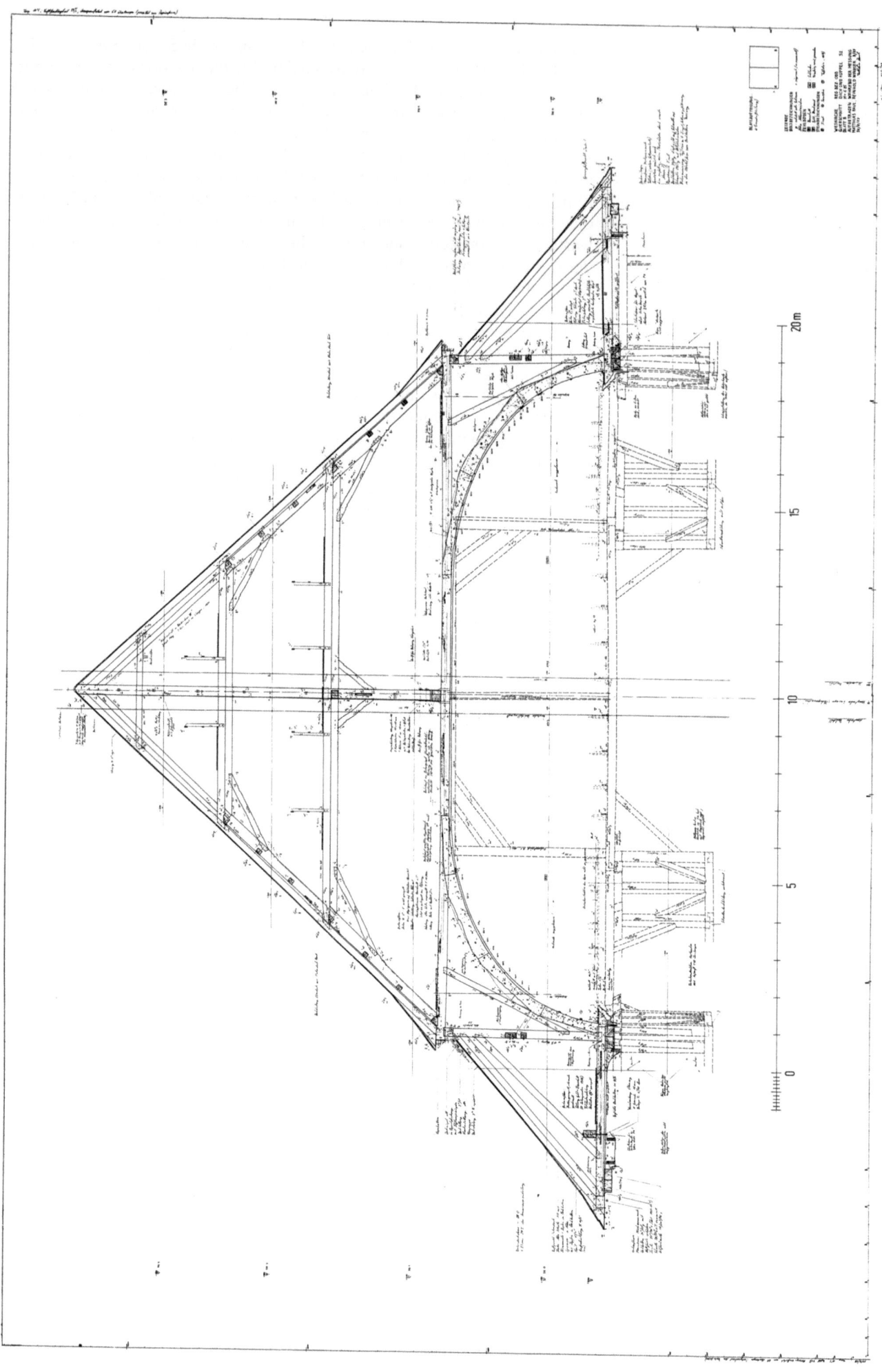

Abb. 10 Steingaden, Wieskirche. Zustandserfassung: Querschnitt durch Kuppel und Dach (Winkler, Paul). Erkennbar die Spanten der Kuppel, die an der Dachkonstruktion angenagelt sind und dadurch Kräfte und Vibrationen aus dem Dach übertragen. Unten eingestrichelt die Tragsysteme der «Kartuschen» (vgl. Schadensaufnahme Abb. 11, Vorderfläche des zweiten Tragsystems von rechts), die auf den Säulenpaaren des Zentralraumes stehen.

nicht ausreicht. Wenn nichts Falsches oder Überflüssiges riskiert werden soll, kann die Entscheidung über eingreifende Massnahmen eigentlich nur verschoben werden. Eine zu Beginn der Massnahme angefertigte genaue Dokumentation der Konstruktion, die über die vereinfachten Zeichnungen Sachses hinausgeht, sowie eine möglichst umfassende Schadensaufnahme der Rissbilder und Hohlstellen (Abb. 11) soll nach einem grösseren Zeitintervall ein besseres Urteil über den Prozess und eine Minimierung der Gegenmassnahmen erlauben[22]. Ein solches, auf die Entwicklung der Problematik abgestimmtes Vorgehen sollte in der modernen Denkmalpflege grundsätzlich an die Stelle der zu häufig angewandten statischen Schocktherapien treten. Auch massivste statische Interventionen können ja entgegen verbreiteten Vorstellungen keine Ewigkeitswirksamkeit versprechen. Ab dem Zeitpunkt der Intervention läuft eine neue Schadensuhr mit neuen Schadenstendenzen. Den Faktor Alterung können auch die optimistischsten Ärzte nicht eliminieren. Langfristigere Beobachtungen und abgestufte Gegenmassnahmen helfen, Verluste an historischer und künstlerischer Substanz einzuschränken und – trotz (oder wegen) Investitionen für die Dokumentation – auch die Kosten zu kontrollieren. So kommt es, dass die Schlagzeilen machende statische Gefährdung der Wieskirche als eigentliche Ursache der Einrüstung und der Massnahme zu sehr geringen Eingriffen und Verlusten geführt hat, während die umfassende Renovierung, die ursprünglich in diesem Umfang nicht intendiert war, wesentlich grössere Eingriffe zur Folge hatte. Die Einrüstung musste natürlich genutzt werden, um auch alle Schäden der Fassungen aufzuspüren. Im wesentlichen erwiesen sich Vergoldungen als konsolidierungsbedürftig. Die Massnahme ging jedoch über das konservatorisch Erforderliche hinaus. Die Kirche wurde erfolgreich verschönert. Das Ergebnis erfreute allenthalben und wurde gefeiert. Die dafür aufgewendeten Kosten stiessen auf Verständnis. So ist die Kirche heute auch zu einem Publikumsmagnet geworden, dessen Anziehungskraft Sorgen zu bereiten beginnt. Seit der Renovierung ist der Besucherstrom auf ca. 1,3–1,5 Millionen angestiegen. Daneben werden inzwischen mehr als 40 Konzerte im Jahr abgehalten. Nach Überprüfung der Obersten Baubehörde halte sich die Verschmutzung des Kirchenraumes in erträglichen Grenzen. Lediglich der Sockelbereich bedürfe von Zeit zu Zeit eines neuen Anstriches. Andere Stimmen befürchten aber, dass bei derartiger Belastung langfristig doch starke Verschmutzungen erwartet werden müssen, welche Restaurierungen der originalen Innenausstattung des 18. Jahrhunderts in kurzen Abständen erfordern würden...[23].

Das Beispiel Wieskirche muss jeden nachdenklich stimmen. Wir sind daran gewöhnt, Verluste hauptsächlich im Bereich der profanen Denkmale zu erwarten: Verwahrlosung, Übernutzung, rigorose Eingriffe, verfälschende Verschönerungen stechen ins Auge. Darüber übersehen wir, dass auch Kunstwerke und hochwertig gestaltete Bauwerke sehr gefährdet sind. Scheinbar werden sie gehätschelt, denn sie geniessen ja dauernde öffentliche Aufmerksamkeit. Bestimmte Formen der Aufmerksamkeit können sich aber auch sehr problematisch auswirken. Kunstwerke werden vom Kunstliebhaber vielfältig genutzt und für diesen hergerichtet, vom Touristen konsumiert, für die Unterhaltungsmedien aufbereitet, auf Ausstellungen verschickt, in Museen unter bestimmten didaktischen Vorstellungen präpariert, bei sich wandelnden Vorstellungen umpräpariert, werden zur Selbstdarstellung von Institutionen und Persönlichkeiten benötigt, sollen den würdigen Rahmen eines Festaktes oder Kunsterlebens abgeben und werden nicht selten dem Zeitgeschmack angepasst. Schliesslich sind sie für einzelne Berufsgruppen unentbehrlich, die sich mit ihnen beschäftigen. Viele sind auch Bestandteile des religiösen Lebens. Die Nutzungen sind äusserst vielfältig, für die Werke manchmal günstig, zum Beispiel in der Abgeschiedenheit einer Klausur, nicht selten jedoch sehr strapazierend.
Trotz dieser Probleme sollten wir nicht die Zuversicht verlieren, durch die Sorgfalt schonender Beobachtung und Untersuchung auch die schonende Sicherung zu bewirken.

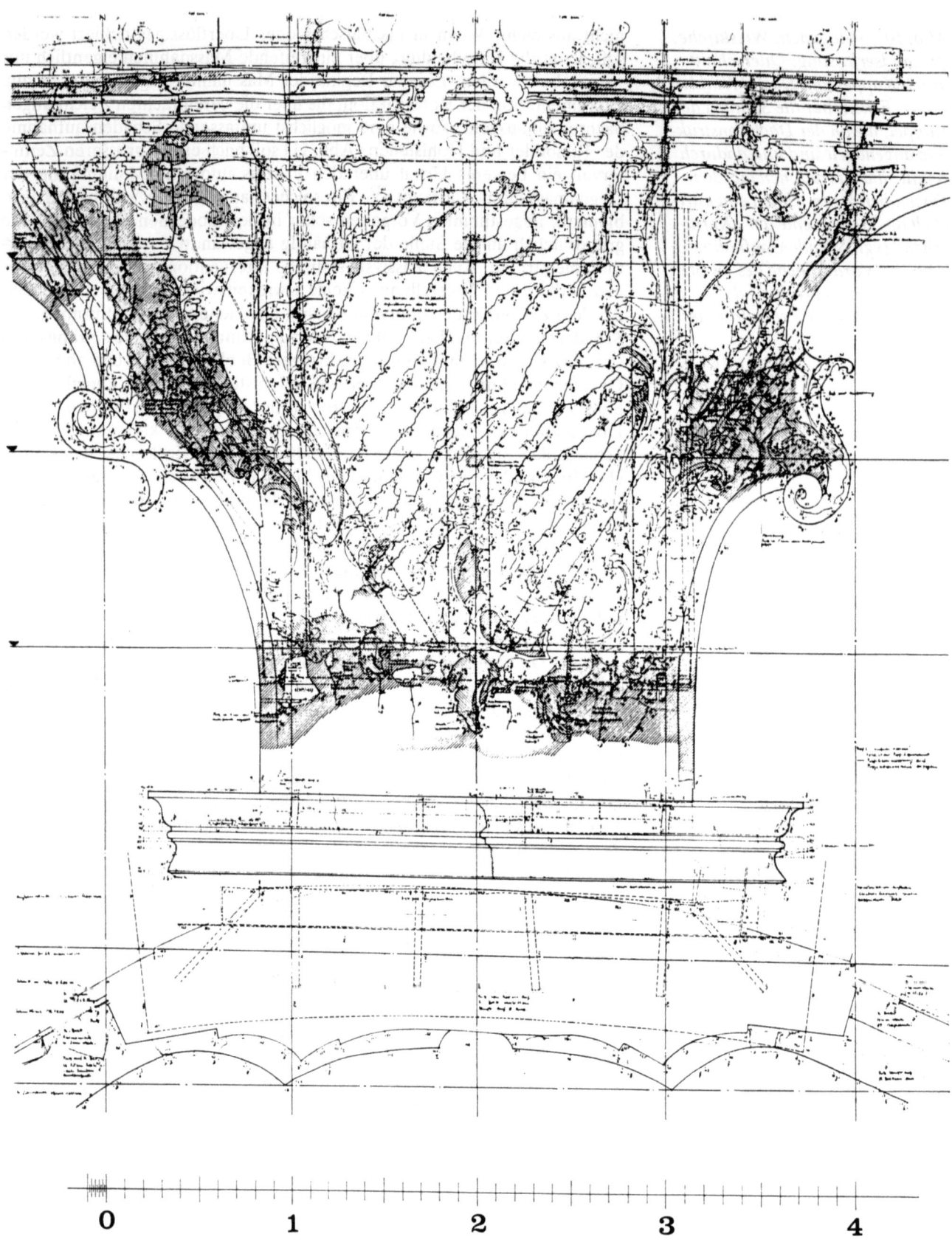

Abb. 11 Steingaden, Wieskirche. Zustandserfassung, Schadensplan der Kartuschen: Rissbilder im Stuck, Ablösungen des Stucks vom Untergrund, Darstellung der dahinterliegenden Konstruktion (gläserne Ansicht) als Vorzustandsdokumentation vor Beginn von Stucksicherungen, die das Schadensbild verändern oder beseitigen. Vor Ort aufgetragene Originalaufnahme (Winkler, Paul).

Anmerkungen

[1] TILMANN BREUER. Worin liegt der Nutzen von Inventarisation und Bauforschung in der Denkmalpflege. In: Umgang mit dem Original. Hannover 1988 (Arbeitshefte zur Denkmalpflege in Niedersachsen, 7), S. 111–113. Wichtig der Begriff «Vermutungsrahmen», ausserdem S. 112 unten, wonach die Inventarisation für die Arbeit der Bauforschung den «Gefügerahmen» herstellt und Akzente setzt.
GERT TH. MADER. Bauforschung und Denkmalpflege. Dokumentation der Jahrestagung 1987 des Arbeitskreises Theorie und Lehre der Denkmalpflege. Bamberg 1988, S. 11–31.

[2] Die Untersuchung des romanischen Baldachins ist Gegenstand einer Magisterarbeit am Institut für Kunstgeschichte der Universität München. Über die «Aschaffenburger Tafel», ein 1986 im ehem. Stiftsgebäude St. Peter und Alexander in Aschaffenburg bei Bauarbeiten aufgefundenes Tafelbild aus dem 13. Jahrhundert vgl.: ERWIN EMMERLING. Zu einem in Aschaffenburg neu aufgefundenen Tafelbild aus dem 13. Jahrhundert. In: Jahrbuch der Bayerischen Denkmalpflege 41, 1987, S. 42 sowie Tafel VI und VII. Reinhold Winkler zeichnete den Befund auf vier Plänen, zugehörend Zwischenbericht 1989 mit 47 Seiten und 18 auswertenden Zeichnungen, unveröffentlicht, in den Akten des Bayerischen Landesamtes für Denkmalpflege, München.

[3] Aus dem für Wiederherstellungsüberlegungen benötigten Aufmass der einzigen in Süddeutschland erhaltenen hölzernen Lettnerbrüstung des 14. Jahrhunderts entwickelt sich eine präzise, systematische Beobachtung der baugeschichtlichen aussagekräftigen Details und der Fassungen, mit der die früheren Zustände bewiesen und Überlegungen des Restaurators geprüft werden. Dokumentationen und Bericht von 1991 in den Akten des Bayerischen Landesamtes für Denkmalpflege, München.

[4] Die Barockorgel der Maihinger Klosterkirche. München 1991 (Arbeitsheft, Bayerisches Landesamt für Denkmalpflege, 52), Tafeln VI–IX, S. 137 ff. Leider wurde hier die baugeschichtliche Auswertung, die im vorgenannten Beispiel zu wesentlichen Erkenntnissen führte, nicht weiter verfolgt.

[5] Restaurator Eike Öllermann konnte zum Beispiel aufgrund sorgfältiger Beobachtungen technischer Einzelheiten die Tafeln der Rothenburger Passion der oben genannten Lettnerbrüstung der Franziskanerkirche als zweiten Zustand zuschreiben: eine perfekte Bauforschungsleistung. Dagegen liefert die überwiegende Mehrzahl der sogenannten «Befunduntersuchungen» an Bauwerken, wie sie sich eingebürgert haben, mangels einschlägiger wissenschaftlicher Methodik und baugeschichtlicher Kenntnis keine zuverlässigen Ergebnisse zur Baugeschichte der Denkmäler. Die Untersuchungen liefern in der Regel punktuelle Erkenntnisse zur Baugeschichte und Aufdeckungen von Dekorationen. Hier werden Maler- und Restaurierbetriebe von den Ämtern meist zugelassen und überfordert. Die Ergebnisse werden zu selten überprüft.

[6] Zum Beispiel SILVIA CODREANU-WINDAUER; KARL SCHNIERINGER. Die Ausgrabungen im Regensburger Dom, sowie BARBARA WÜNSCHLÖBLEIN; JÜRGEN PURSCHE. Die romanischen Wandmalereifragmente aus dem Atrium, beide Aufsätze in: Der Dom zu Regensburg. Ausgrabung, Restaurierung, Forschung (Ausstellungskatalog). München; Zürich 1989, S. 81–96. Beide Aufsätze belegen die Teamarbeit, die von der Mittelalterarchäologin, dem Bauforscher und den Restauratoren getragen wurde. Es gehörte zu den Aufgaben des Verfassers, seinerzeit diese Arbeit zu fordern und sicherzustellen.

[7] Vgl. Jahrbuch der Bayerischen Denkmalpflege 41, 1987, Abteilung Bautechnik und Bauforschung (S. 428–447), und bezüglich der Fortbildungsstätte des Bayerischen Bauarchivs Thierhaupten: Jahrbuch der Bayerischen Denkmalpflege 42, 1988 (in Vorbereitung).

[8] Kolloquium Bauforschung und Denkmalpflege, veranstaltet vom Fachgebiet Baugeschichte der Technischen Universität Darmstadt (Prof. Dr. W. Haas) vom 17.4. bis 19.4. 1985 im Bildungszentrum Irsee bei Kaufbeuren, ausgerichtet von Johannes Cramer. Erfahrungsbericht des Bayerischen Landesamtes für Denkmalpflege mit drei Anhängen, unpubliziert, dazu Ausstellung von etwa 20 vorbereitenden Untersuchungen oder Notdokumentationen. Schwerpunkte: Organisation der Bauforschung und Ausbildung von Bauforschern in der Denkmalpflege, Problematik des Berufsbildes des freiberuflichen Bauforschers, Abgrenzung zu den Leistungen des Architekten, des Historikers, des Restaurators usw., Finanzierung, Strukturierung, Aufgabenverteilung und Umfang von Voruntersuchungen, Notwendigkeit begleitender Bauforschung.

[9] JOHANNES CRAMER. Vorwort. In: Bauforschung und Denkmalpflege. Umgang mit historischer Bausubstanz. Stuttgart 1987, S. 6–11.

[10] GEORG MÖRSCH. Aufgeklärter Widerstand. Das Denkmal als Frage und Aufgabe. Basel; Boston; Berlin 1989.

[11] Die Förderungspraxis der Bundesregierung und der Einsatz verschiedener westdeutscher Sanierungsgesellschaften für Auf-

gaben der Stadt- und Objektsanierung in den neuen Bundesländern hat zu einer konzentrierten Zerstörungswelle wertvoller historischer Bausubstanz geführt, deren erschreckendes Ausmass noch gar nicht ins Bewusstsein der Öffentlichkeit getreten ist. Diese Praxis hat bereits negative Rückwirkungen auf Gebiete, in denen durch jahrelange Bemühungen ein schonender Umgang mit historischer Bausubstanz erreicht werden konnte.

[12] NORBERT HUSE (Denkmalpflege. Deutsche Texte aus drei Jahrhunderten. München 1984) trifft eine Auswahl an Texten, die eine deutliche Klärung fachlicher Ziele der Denkmalpflege vermittelt. Erst der Zweite Weltkrieg hat durch den Umfang der Zerstörung bis dahin unvorstellbare Probleme und denkmalpflegerische Fragestellungen aufgeworfen, auf die diese fachlichen Ziele nur noch bedingt anwendbar waren. Inzwischen kann – bei erheblich reduziertem Denkmalbestand – an diese Auffassungen wieder besser angeknüpft werden. Erweiterungen des Denkmalbegriffs hindern daran nicht. MARION WOHLLEBEN (Konservieren oder restaurieren? Zur Diskussion über Aufgaben, Ziele und Probleme der Denkmalpflege um die Jahrhundertwende. Zürich 1989) bezieht gesellschaftliche Kräfte und Motivationen, die in denkmalpflegerische Entscheidungen gedanklich wie tätlich eingreifen, mit ein, schildert also den ganzen Tummelplatz der Denkmalpflege und kommt zu dem folgerichtigen Schluss: «...über Aufgaben, Ziele und Methoden der Denkmalpflege bestehen noch immer ähnlich divergierende Meinungen wie damals.» (S. 10). Eine Scheidung begründeter von scheinbaren fachlichen Anforderungen mag angesichts des verwirrenden Pluralismus der Meinungen und Interessen vielleicht besser gelingen, wenn zwischen dem Schutz der Quellenaussage, der Definition des Denkmal«wertes» (Denkmalbedeutung), der Präsentation des Denkmals und der öffentlichen Akzeptanz differenziert wird.

[13] FELIX MADER. Stadt Regensburg III. München 1933 (Die Kunstdenkmäler von Bayern, Oberpfalz, 22), S. 2–21. Zum Dachwerk über dem Chor: GÜNTHER BINDING. Das Dachwerk auf Kirchen im deutschen Sprachraum vom Mittelalter bis zum 18. Jahrhundert. München 1991, S. 79, 80. Die Bauaufnahme dort irrtümlich mir zugeschrieben; Verfasser ist J. Sattler. Zur Instandsetzung des Dachwerks ausführlicher: GERT TH. MADER. Bauuntersuchung historischer Holzkonstruktionen. In: Arbeitsheft des Sonderforschungsbereiches 315 «Erhalten historisch bedeutsamer Bauwerke» Universität Karlsruhe 1988, Nr. 8, S. 36–57.

[14] Tragwerksplaner Hans Reuter, Würzburg, im Auftrag des Bayerischen Landesamtes für Denkmalpflege.

[15] ANTON RESS. Stadt Rothenburg o. d. Tauber (Kirchen). München 1959 (Die Kunstdenkmäler von Bayern, Mittelfranken, 7), S. 233–292. Dachwerk über dem Chor: GÜNTHER BINDING (wie Anm. 13), S. 57, 58. Bauaufnahme von Architekt Eduard Knoll und Karoline Bauer.

[16] Tragwerksplaner Hans Hummel, Coburg.

[17] Zur Frage der denkmalpflegerischen Konzeption bei der Auswahl aus verschiedenen möglichen technischen Lösungen vgl. GERT TH. MADER. Zur Frage der denkmalpflegerischen Konzeption bei technischen Sicherungsmassnahmen. In: Arbeitshefte des Sonderforschungsbereiches 315 «Erhalten historisch bedeutsamer Bauwerke» Universität Karlsruhe 1989, Nr. 9, S. 23–52, wo auch die Methode der denkmalpflegerischen Bilanzierung erörtert wird. Dort auch: HANS REUTER. Zur statischen Sicherung historischer Dachwerke (S. 97–112) und: FRITZ WENZEL. Fruchtkasten Heidenheim. Zustandserhebung, Standsicherheitsuntersuchung und Instandsetzungsplanung (S. 113–120).

[18] Zusammenfassend in: Arbeitshefte des Sonderforschungsbereiches 315 «Erhalten historisch bedeutsamer Bauwerke» Universität Karlsruhe 1991, Nr. 10, S. 57–68.

[19] HANS-JOACHIM SACHSE. Barocke Dachtragwerke, Decken und Gewölbe. Zur Baugeschichte und Baukonstruktion in Süddeutschland. Berlin 1975.

[20] Gutachten von Tragwerksplaner P. Handel vom 5.5. 1986 in den Akten des Landbauamtes Weilheim.

[21] BERNHARD BEHRINGER. Über die Wechselwirkungen zwischen den Holzkonstruktionen von Dach und Decke bei barocken Bauten. Untersuchungen am Beispiel der Wallfahrtskirche in der Wies. Dissertation Technische Universität München, 1990. – BERNHARD BEHRINGER. Die Wies. In: Detail 5, 1990, S. 450–452. – BERNHARD BEHRINGER. Die Wies im Blick des Tragwerksingenieurs. In: Die Wies. Geschichte und Restaurierung. München 1992 (Arbeitsheft, Bayerisches Landesamt für Denkmalpflege, 55), S. 151–158.

[22] GERT TH. MADER. Zustandsdokumentation und Sicherungsproblematik in der Kuppelkonstruktion der Wieskirche. In: Die Wies. Geschichte und Restaurierung. München 1992 (Arbeitsheft, Bayerisches Landesamt für Denkmalpflege, 55), S. 129–138.

[23] Sinngemässe Wiedergabe diskutierter Argumente im Bayerischen Landesdenkmalrat, vgl. auch Sitzungsniederschrift über die 189. Sitzung des Landesdenkmalrates am 23.9. 1991.

Abbildungsnachweis
Bayerisches Landesamt für Denkmalpflege, München.

Johannes Cramer

Das veränderte Gebäude – Nutzung, Struktur, Materie

Architektur ist in aller Regel errichtet mit der Vorstellung, in oder mit der Baustruktur einer vorher erdachten und genau bestimmten Nutzung einen zweckmässigen Rahmen zu geben. Selbstverständlich unterliegt es den Vorstellungen der Zeit, was denn jeweils zweckmässig sein könnte. Es ist aber ein Irrtum zu glauben, dass die Entsprechung von architektonischer Form und darin untergebrachter Funktion eine Entdeckung unseres Jahrhunderts sei. Auch die vergangenen Jahrhunderte haben ihren Bauten zweckentsprechende Formen gegeben.

Bauen ist in unseren Tagen ein rasanter Prozess. Der Bauherr, dem heute alles zu langsam geht, weil ihm die Bau- und Finanzierungskosten davonlaufen, muss sich vor Augen führen, dass bis weit in das 19. Jahrhundert hinein die Realisierung eines grösseren Bauvorhabens nicht Monate oder Jahre, sondern Jahrzehnte und nicht selten Jahrhunderte in Anspruch nahm. Die Fertigstellung des Glaspalastes in London im Jahre 1851, die Errichtung des Eiffelturmes in Paris im Jahre 1889 in wenigen Monaten, das waren seinerzeit bautechnische und organisatorische Sensationen. Heute haben wir uns schon daran gewöhnt, dass ein Hochhaus in kaum zwölf Monaten über mehr als 250 Meter aus dem Boden wächst. Das rasante Tempo des Bauens ist uns selbstverständlich geworden.

Der Baugeschichte ist dieses Tempo aber durchaus fremd. Bis in das 19. Jahrhundert hinein waren lange Planungszeiten, noch längere Bauzeiten und vor allem eine laufende Anpassung des ursprünglichen Planungskonzeptes an den wechselnden Zeitgeschmack, neue Nutzungsansprüche und veränderte wirtschaftliche Möglichkeiten vollkommen geläufig. Der architektonische Entwurf der vorindustriellen Zeit musste sich damit schon grundsätzlich und grundlegend von dem unterscheiden, was das Baugeschehen unserer Zeit charakterisiert. Die Planung musste offen sein für Veränderungen der Grundkonzeption, und der Entwurf musste die während vorausgegangener Planungsphasen geschaffene Bausubstanz möglichst weitgehend und vollständig integrieren und weiter verwenden. Natürlich war es unvorstellbar, dass ein neu auf eine laufende Baustelle berufener Baumeister das ungeliebte, zwischenzeitlich vielleicht sogar unmodern gewordene, halb fertige Bauprodukt abtragen liess, um wieder vom völligen Nullpunkt auszugehen.

Nur ausnahmsweise und vergleichsweise spät verwendete man über lange Zeit verbindliche Planungsinstrumente, die auch tatsächlich beachtet wurden. Wenn für den Florentiner Dom im Jahre 1368 mit dem bekannten Dommodell eine Planung über längere Fristen festgeschrieben wurde, so war das eine Innovation im Entwurfsdenken der Zeit. Dass die Kirche des heiligen Martin in Landshut aufgrund bürgerschaftlichen Beschlusses über einen Zeitraum von einhundertfünfzig Jahren ohne nennenswerte Veränderung des Entwurfs realisiert wurde, war die Ausnahme in einer Bauwirtschaft, die im übrigen ganz anderen Gesetzmässigkeiten folgte. Vielfache Planänderungen während des laufenden Baufortschritts, verworfene Projekte und die Überarbeitung eines Konzepts durch Abwandlung von Details sind beispielsweise für die grossen Kirchenbauten des Mittelalters die Regel, viel eher als die konsequente Umsetzung eines einmal gefundenen Entwurfskonzepts[1].

Das gleiche Prinzip lässt sich für den Profanbau und den Bereich des bürgerlichen Bauens nachweisen. Damit kennt die Baugeschichte der historischen Zeit ganz überwiegend uneinheitlich geplante und noch viel uneinheitlicher ausgeführte Bauten, die – gemessen an der zugrundeliegenden Planungsidee – vielfach geradezu ruinös, jedenfalls aber ausgesprochen disparat fertiggestellt worden sind.

Weil das so ist, war es seit jeher eine der selbstverständlichen, durchaus nicht als minderwertig verstandenen Aufgaben für Architekten und Baukünstler, vorhandene Bauten zu verändern oder unfertige Bauwerke im Geschmack der Zeit zu vollenden. Michelangelo Buonarrotti beispielsweise, seinerzeit noch am Anfang seiner Karriere und durchaus nicht berühmt, war sich im Jahre 1512 nicht zu schade, an dem 1466 durch Michelozzo errichteten Palazzo Medici-Riccardi in Florenz zwei bis dahin offene Arkaden in der Strassenfassade zu schliessen und dabei in einem Detail seine eigene Handschrift der Architektur des damals noch berühmteren Kollegen hinzuzufügen. Auch auf dem Höhepunkt seiner Karriere akzeptierte er selbstverständlich den Auftrag zur Fertigstellung des Palazzo Farnese in Rom, dem er bei festliegendem Gesamtkonzept nur noch ein Geschoss zufügen konnte, welches sich nicht grundlegend von dem bereits Bestehenden unterscheiden konnte. Einzig im Bereich des Haupteingangs begünstigten die im übrigen geringen Gestaltungsspielräume eine individuelle Lösung.
Eines der Hauptwerke Palladios, die «Basilika» in Vicenza, ist durchaus nicht in einem Stück entworfen und gebaut, sondern das Resultat zahlreicher Umbauten und eines langwierigen Gutachterverfahrens, das für die vorindustrielle Zeit beispielhaft den sorgsamen, ressourcensparenden Umgang mit vorhandener Substanz zeigt. Der bestehende, schon damals aus unterschiedlichen Bauteilen zusammengefasste Komplex, war am Ende des Mittelalters schadhaft geworden. Berühmte Architekten, unter ihnen Sebastiano Serlio (1539) und Giulio Romano (1542), waren an der vom Rat der Stadt geforderten Lösung der Aufgabe gescheitert, unter Weiterverwendung des altertümlichen Baubestandes eine befriedigende moderne, also zeitgemässe Gesamtlösung zu erarbeiten. Palladio gab dem Bau schliesslich nach gründlichem Studium der vorgefundenen Situation und Bausubstanz sowie nach der Analyse der Tragstruktur «nur» eine neue Hülle, unter welcher der ältere Bestand in weiten Bereichen noch heute gut sichtbar erhalten ist.

Diese wenigen italienischen Beispiele stehen für unzählige andere aus allen Epochen der Architektur und allen Kulturräumen Europas. Dass Planen und Bauen bis weit in das 19. Jahrhundert hinein häufig in eben dieser Weise vor sich ging, steht allenthalben in der baugeschichtlichen Literatur[2]. Wie die Architekten aber im Detail arbeiteten und welchen Handlungsspielraum sie jeweils hatten, ist nicht selten vollkommen unbekannt. Diesem für das Bauwesen der vorindustriellen Zeit wichtigen Bereich des architektonischen Entwerfens hat bislang kaum jemand auch nur beiläufig Beachtung geschenkt[3]. Unabhängig davon ist aber deutlich, dass die zahlreichen Planänderungen und Adaptierungen, die ein derart verändertes Gebäude im Laufe der Jahrhunderte erlebt hat, sich auch heute noch im Baubestand nachvollziehen lassen müssen.

Bauforschung heisst die Tätigkeit, die sich damit beschäftigt, aus einem vielgestalten, oftmals überformten Baubestand die grundlegenden statischen und historischen Strukturen herauszufiltern und zu beschreiben. Das Resultat einer solchen Untersuchung erweitert einerseits selbstverständlich die historische Kenntnis; es bildet aber zugleich, im Sinne Palladios oder Michelangelos, die Basis für den weiteren Entwurfsprozess – die Adaptierung des Gebäudes für eine neue Nutzung und veränderte Komfortansprüche. Die Methoden, solche Untersuchungen durchzuführen, sind vielfältig und sollen hier nicht weiter diskutiert werden[4]. Die bauarchäologische Untersuchung fragt nach der statisch-konstruktiven Struktur des Gebäudes, seiner funktionsbestimmten Grundrissdisposition und der erhaltenen Ausstattung als Zeugnis vergangener Kultur.
Die Ausstattung ist seit alters her Gegenstand der kunstwissenschaftlichen

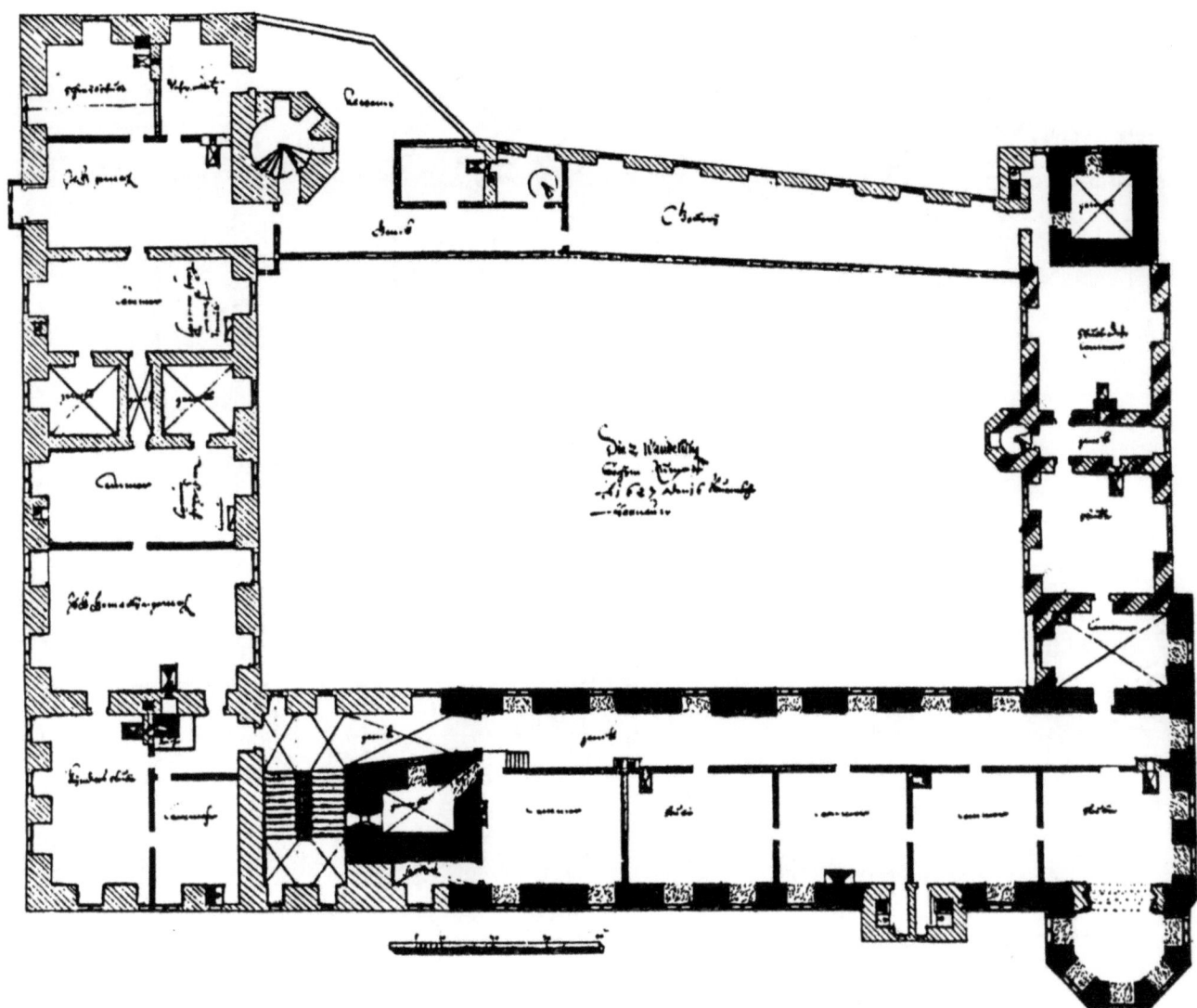

Abb. 1 Schloss Hadamar. Bauphasenplan mit Darstellung der Bauteile aus der Zeit des Klosterhofes (1190–1320: schwarz), der Wasserburg (1320–1614: breit schraffiert) und der Umgestaltung des 17. Jahrhunderts zur Vierflügelanlage (fein schraffiert). Weite Bereiche der historischen Struktur sind im 17. Jahrhundert unverändert übernommen und durch Zubau veränderten Nutzungsanforderungen angepasst worden. Der Galeriegang im Westen (in der Zeichnung oben) fehlt heute.

Forschung; das statische System der Rohbaukonstruktion wird heute im günstigen Falle untersucht, bevor eine Baumassnahme geplant und ausgeführt wird. Im Gegensatz dazu bleiben ältere Funktionszusammenhänge im historischen Bauwerk oft ebenso unbeachtet wie die Frage, in welchem Umfang und aus welchen Gründen ältere Substanz auch bei grundlegenden Umbaumassnahmen weiter verwertet worden ist.

Am Beispiel des Schlosses der Grafen von Nassau-Hadamar im nordhessischen Hadamar lässt sich dieser Vorgang trotz einer im Detail unübersichtlichen Befundlage in den groben Zügen beispielhaft nachvollziehen. Der Bau, welcher seit dem späten 12. Jahrhundert als Wirtschaftshof des Zisterzienserklosters Eberbach im Rheingau mit Lagerhaus und Kirche urkundlich belegt ist und Anfang des 14. Jahrhunderts durch Graf Emich I. zur Wasserburg ausgebaut worden sein soll, ist der zugänglichen Literatur zufolge in den Jahren 1614–29 «unter Verwendung älterer Bauteile» neu errichtet worden[5]. Das Urteil des Kunsthistorikers verkennt mit der Betonung des Neubaugedankens ganz entschieden die konsequent ressourcensparende Arbeit des Architekten aus dem 17. Jahrhundert (Abb. 1). Das in Renaissance-Formen erbaute, heute äusserlich und auf den ersten Blick einheitlich wirkende Gebäude ist durch Bestandspläne aus der Zeit vor dem Ausbau in seinem Aussehen und seiner Ausdehnung als Wasserburg gut belegt (Abb. 2)[6]. Aus diesen Plänen geht zunächst hervor, in welcher Form der Architekt die mittelalterliche Wasserburg auf dem Bauplatz vorfand. Eine winkelförmige Anlage wird durch Hofmauern zu einem Geviert geschlossen, dessen drei Ecken durch massive Türme gesichert sind, während die vierte Ecke durch die Hofkapelle gebildet wird. Im

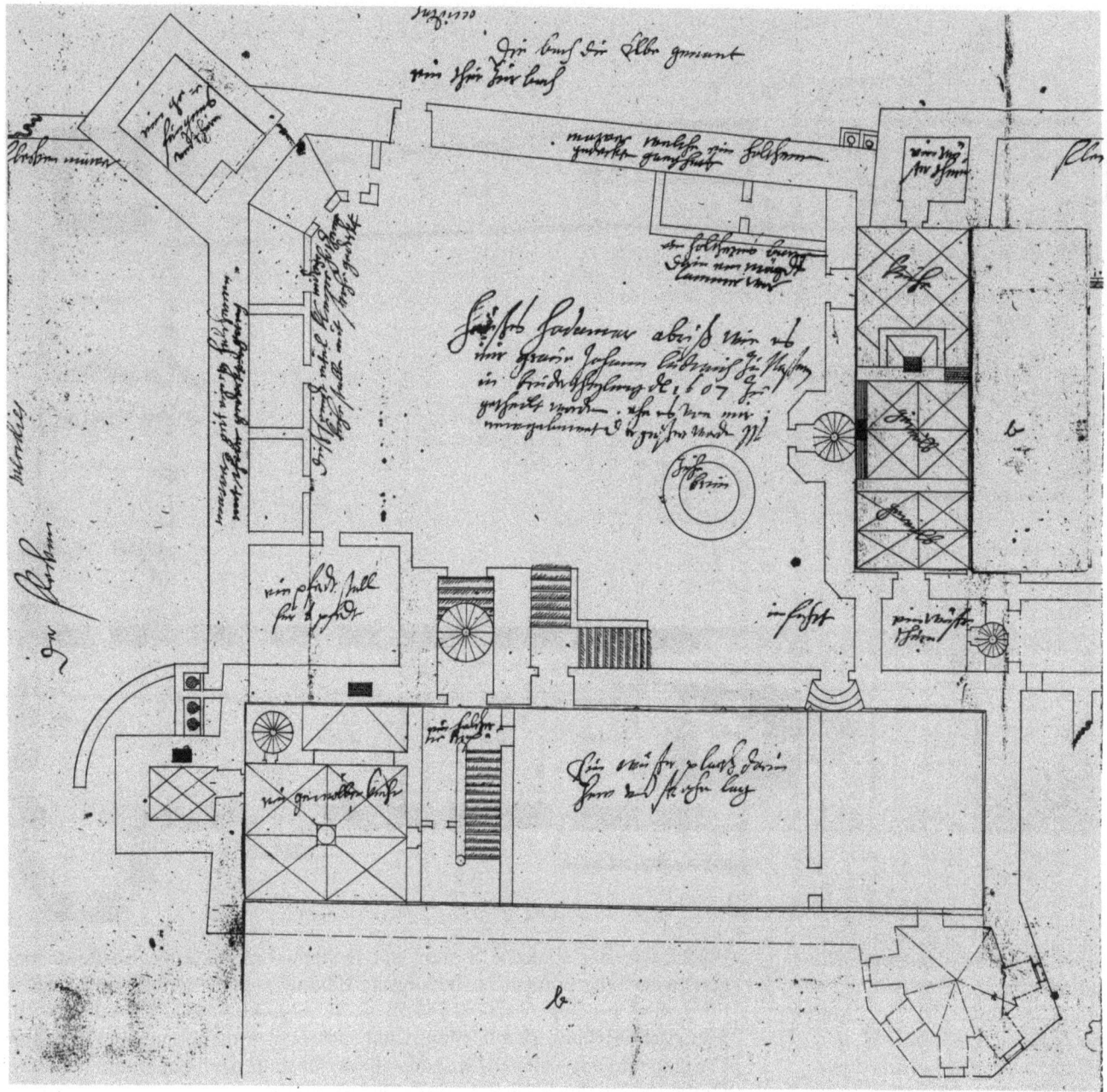

Abb. 2 Schloss Hadamar. Bauaufnahme der Anlage vor ihrer Umgestaltung durch den Baumeister Rumpf im Jahre 1607 (Staatsarchiv Wiesbaden).

Vergleich mit dem Neubauplan erkennt man auch unschwer, welche Bauteile für das Bauprojekt der Renaissance weiter verwendet wurden: nahezu alle. Einzig der mächtige Turm auf der Südwestecke der alten Wasserburg wurde geschleift. Die zwei anderen Türme an den Ecken der beiden Hauptgebäude wurden belassen und hinter einer neuen, das Bauwerk optisch zusammenbindenden Fassade in den Gesamtbau integriert. Mit einem vergleichsweise geringen Rohbauaufwand gelingt es so dem Architekten, die altmodische und unbequeme Wasserburg zu einem Residenzschloss in der Form einer zeitgemässen Vierflügelanlage umzuwandeln (Abb. 3). Aus formal und konstruktiv ganz unterschiedlichen Einzelbauten wird durch eine geschickte Planung ein einheitliches Bauwerk mit einem nach Westen sich öffnenden Galeriegang, der die drei anderen Gebäudetrakte zu einer Grossform schliesst. Diese Anpassung erfolgt durch geringe Abbrüche (Turm und Hofmauer), durch Zubau (von einem ganzen Schlossflügel im Süden sowie einem Drittel im Osten) samt Ergänzung einer Galerie im Westen, und durch Umbau im Gebäudeinneren. Die insgesamt substanzschonende Anpassung macht freilich im Einzelfall auch vor grundlegenden Eingriffen in die Organisation des Bauwerks nicht halt. So wird beispielsweise die Hofkapelle, die im Mittelalter auf der Nordost-

Abb. 3 Schloss Hadamar. Ansicht der Anlage von Südosten nach Abschluss der Gesamtinstandsetzung in ihrer seit dem 17. Jahrhundert vereinheitlichten Grossform.

ecke der Wasserburg lag und dort noch heute von aussen ganz im Sinne funktionalistischer Architektur durch den polygonal geschlossenen ehemaligen Chor zu erkennen ist, auf die Südostecke der Vierflügelanlage verlegt. Dort ist sie durch die andersartige Fensterausbildung aus dem übrigen Baubestand hervorgehoben. Im übrigen wird das ehemals grossräumig geteilte Innere des alten Lagerhauses durch Einfügen von zusätzlichen Wänden der neuen Funktion eines Residenzschlosses mit repräsentativer Wohnung des Fürsten und Kanzleien der Verwaltung angepasst. Erschliessungen (in Form von Treppentürmen) und Sanitäranlagen (in Form von Abtritten) werden aussen dazugebaut und nicht etwa im Gebäudeinneren durch die Geschossdecken gebrochen. So kann der zusammenhängende mittelalterliche Baubestand mit ungestörtem statisch-konstruktivem System und ohne tiefgreifende Eingriffe in den Bestand in das neue Planungskonzept übernommen werden.

Diese Art der Bauproduktion hatte in den vergangenen Jahrhunderten System. Bis weit in das 19. Jahrhundert hinein war es für die Architekten selbstverständlich, dass sie sich mit bestehender Bausubstanz auseinanderzusetzen hatten, dass sie in der Lage waren, ein gegebenes, nicht mehr voll funktionsfähiges Bauwerk mit möglichst geringen Mitteln sowohl den veränderten Nutzungsansprüchen wie auch dem geänderten Zeitgeschmack anzupassen und damit die vorhandenen Strukturen wirtschaftlich und funktional optimal zu nutzen. Mit geringen Mitteln nicht unbedingt und nicht zwangsläufig deswegen, weil historische Bausubstanz erhalten werden sollte – auch wenn es dafür genügend Belege gibt. So wurden beispielsweise die romanische Krypta und der gotische Chor[7] sowie der gleichfalls gotische Westbau der evangelischen St.-Gumbertus-Kirche in Ansbach bewusst aus der seit 1736 durch Leopoldo Retty vorgenommenen Barockisierung des Kirchenschiffs ausgespart. Der Bau sei «remodernieret, wobey anzumerken, dass die Gothischen Thürme und Chor um ihrer Antiquen und guten Structur willen Conserviret worden»[8]. Der ehrwürdige Charakter der erhaltenen Substanz spielte also offenkundig ebenso eine Rolle für die Erhaltung der alten Substanz wie die Brauchbarkeit der vorhandenen Konstruktion[9].

Die Möglichkeiten, die sich dem Architekten zur Veränderung bestehender Bauten boten, waren in historischer Zeit die gleichen, die auch heute noch diskutiert werden:
– Zubau durch Erweiterung und Aufstockung
– Zusammenfassen mehrerer kleiner Einheiten
– Teilung einer grossen Einheit.
Für alle drei Möglichkeiten gibt es in der Baugeschichte zahlreiche Beispie-

le, deren Zahl sich durch eine eingehendere Beschäftigung mit dem historischen Bestand in den letzten zehn Jahren ständig vermehrt hat. Die hier in der Folge vorgestellten, eher zufällig ausgewählten Objekte zeigen zugleich die Individualität der Einzelmassnahme und die Parallelität der Ereignisse und Vorgehensweise bei ganz unterschiedlichen Bauaufgaben.

Zum Thema *Zubau und Aufstockung* ist eine erste Welle von verändernden Eingriffen mit dem Ziel, aus ganz unterschiedlichen Bauten gleichartige Raumformen und Raumorganisation herzustellen, aus dem 13. und 14. Jahrhundert zu verzeichnen. Damals wurden in vielen Städten, so etwa Lübeck, Rostock oder Braunschweig, die bis dahin nach sehr unterschiedlichem Konzept erbauten Kirchen der verschiedenen Pfarrsprengel in kurzer Zeit durch die Bürgerschaft in Grundriss und Schnitt einander weitgehend angeglichen[10] und ganz überwiegend zu Hallenkirchen umgebaut. Dieser Vorgang war aber nicht etwa mit dem Abbruch der alten Bauten verbunden, sondern wurde unter Weiterbenutzung grosser Teile der Altsubstanz vollzogen. Die Kirche St. Peter und Paul in Danzig zeigt eine solche radikale und dennoch substanzschonende Veränderungsphase noch heute (Abb. 4). Der begonnene Umbau zeigt die bereits vollendete Aufstockung der Seitenschiffe. Dagegen blieb die Umfangung des Chores mit dem Ziel, auch hier eine Hallenkirche zu gewinnen, während der Baumassnahme stecken. So sieht man noch heute die Baustelle des späten Mittelalters vor sich, die beispielhaft klarmacht, in welchem Ausmass vorhandene Bausubstanz weiter verwertet wurde. Nach der Errichtung des neuen Ostschlusses hätte man lediglich den mittelalterlichen Chor abgebrochen, während die übrige Bausubstanz fast vollständig weiter benutzt werden sollte.

Abb. 4 Danzig, St. Peter und Paul, Chorpartie. Der dreischiffige Kirchenbau mit polygonal geschlossenem Chor blieb während des Umbaus zur Hallenkirche halbfertig liegen. Die Mauerstümpfe im Vordergrund geben die geplante Umfassung des Hallenchores an. Die Seitenschiffe wurden lediglich aufgestockt und weiter verwendet.

Nach ähnlichen Grundsätzen ging auch der Ausbau der Schlösser der Grafen von Nassau zu Beginn des 17. Jahrhunderts vor sich. Ebenso wie das schon zuvor behandelte Schloss in Hadamar wurde auch das Schloss in Idstein etwa zur gleichen Zeit durch die Grafen von Nassau vollständig neu gestaltet[11]. Wieder werden in der Literatur ältere Baureste eher zweifelnd vermerkt. Wieder finden wir eine Dreiflügelanlage vor, die sich einheitlich in Bauformen der Renaissance präsentiert. Erst die Bauuntersuchung zeigt, dass der vorgefundene Bestand nicht einheitlich errichtet wurde. Der Bauphasenplan (Abb. 5) erweist einen bunt aus allen Epochen zusammengemischten Bestand, der erst ganz allmählich zu dem einheitlichen Ganzen zusammengeführt wurde, das heute das Stadtbild dominiert. Aus dem freistehenden Palas (?) der mittelalterlichen Burg entsteht in vielen kleinen Schritten am Ende eine zeitgemässe Vierflügelanlage mit angedeutetem Arkadenhof und westlichem Arkadengang, der den Blick in die Landschaft ermöglicht. Niemals wird der Altbestand abgerissen, um etwas Neues und Zeitgemässes zu schaffen. Immer wird ergänzt, vereinheitlicht, aufgestockt und erweitert. Unmoderne Fassaden verschwinden hinter vorgelegten Neubauteilen, die als äussere Erschliessung zum Hof hin eine einheitliche Form bilden. Leere Flächen werden nach und nach überbaut; niedrige Gebäude erhöht; die einst freistehenden Treppentürme werden in den Baukörper hineingezogen, die Dächer verändert.

Das Resultat dieser über Jahrhunderte sich hinziehenden Bemühungen gleicht in Idstein bei vollständig anderer Ausgangssituation am Ende des Bauprozesses dem des Ausbaus von Schloss Hadamar erstaunlich weitgehend. Beide Schlossanlagen präsentieren sich als Vierflügelanlagen mit Arkadengang und reicher Dachlandschaft in zeitgemässen Architekturformen (Abb. 6).

Die Grundsätze, die für die Um- und Neugestaltung des Baukörpers im Grossen galten, sind in Idstein durch die bauarchäologische Untersuchung auch in der Bewältigung technisch-konstruktiver Fragen nachzuweisen. Als man in den Jahren 1711–13 im Erdgeschoss des Südflügels eine neue, grössere und repräsentative Schlosskapelle einbauen wollte, mussten zu diesem Zweck auch einige tragende Wände ausgebrochen werden. Diese Absicht führte nun keinesfalls dazu, dass der Baukörper bis unter das Dach ausgehöhlt und mit einem neuen Tragsystem ausgerüstet worden wäre. Der

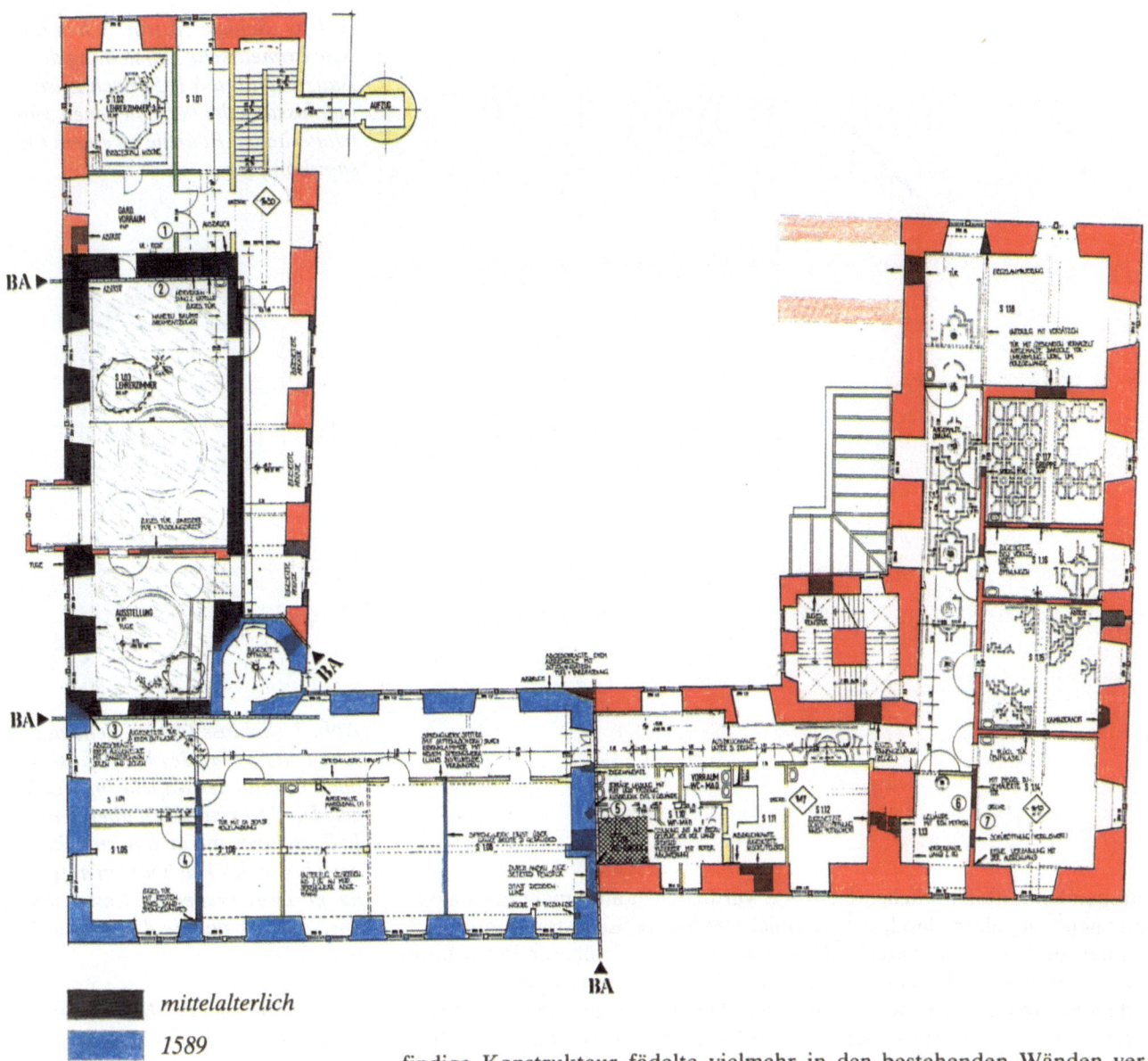

- ■ mittelalterlich
- ■ 1589
- ■ 1. H. 17. Jh.
- ■ barock
- ■ 19. und 20. Jh.

Abb. 5 Schloss Idstein. Bauphasenplan mit Darstellung der Bauteile aus dem Mittelalter, der frühen Neuzeit und der grundlegenden Neugestaltung des frühen 17. Jahrhunderts. Die Vereinheitlichung der Anlage erfolgt durch Zubau und das Vorlegen neuer Bauteile im Hofbereich. Der Galeriegang im Westen (in der Zeichnung oben) wurde nicht fertiggestellt.

findige Konstrukteur fädelte vielmehr in den bestehenden Wänden versteckt lange geschmiedete Eisenbänder, mit Haken ineinander gehängt, von der Decke des Erdgeschosses durch alle Stockwerke hindurch bis in das Dachwerk hinauf. An diesen Eisenbändern wurden die Deckenbalken über der Kapelle angehängt, so dass die alten Tragwände entbehrlich wurden. Die Eisenbänder wurden im Dach an zusätzlich eingestellten Sprengwerken befestigt, welche die Lasten wiederum auf die Aussenwände übertragen (Abb. 7). Das Bauproblem wurde mithin nicht durch die Reduzierung der historischen Substanz gelöst, sondern durch eine zusätzliche Massnahme, die den Bestand im übrigen weitgehend unberührt liess. Ganz ähnlich gingen die Werkleute vor, als im Jahre 1747 die dem heiligen Martin geweihte Friedhofskirche in Braunau dem barocken Zeitgeschmack angepasst werden sollte. Der Ursprungsbau stammt aus dem Jahre 1500. Der spätgotische Bau mit drei Jochen, eingezogenem Chor und komplett erhaltenem Dachwerk war durchgängig mit einem Kreuzrippengewölbe geschlossen, welches nach einer Inschrift über dem Chorhaupt zuletzt im Jahre 1673 neu ausgemalt worden war. Die Barockisierung des 18. Jahrhunderts veränderte diesen Bau innerlich und äusserlich entscheidend (Abb. 8). Die Fensterordnung mit den hohen gotischen Öffnungen wurde zugunsten einer zweigeschossigen Teilung der Wand mit rundbogigem Fenster und darüberliegendem Ochsenauge aufgegeben. Die Westfront der mittelalterlichen Kirche mit ihrem Turm wurde vollständig abgetragen und das Kirchenschiff um ein Joch nach Westen verlängert. Die Einwölbung wurde gleichfalls dem barocken Zeitgeschmack angepasst. Die hoch auf-

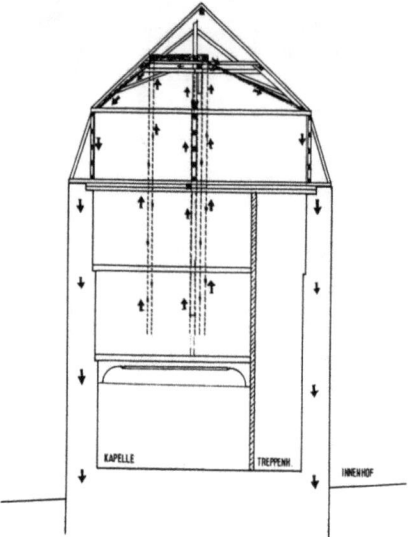

Abb. 6 Schloss Idstein. Schematische isometrische Darstellung des Bauzustands um 1650 nach Zusammenfassung der verschiedenen mittelalterlichen Bauteile zu einem Gesamtkomplex.

Abb. 7 Schloss Idstein. Schematische Darstellung des Kräfteflusses nach Einbau der Kapelle im Südflügel. Die Deckenbalken über dem Erdgeschoss sind an langen Schlaudern bis in das Dach hinein aufgehängt. Dort werden die Lasten über Sprengwerke auf die Aussenwände umgeleitet.

*Abb. 8 Braunau (Oberösterreich), ehemalige Friedhofskirche St. Martin. Längsschnitt nach Norden mit Darstellung der Baubefunde im oberen Wandbereich und im Dach. Der untere Teil des Kirchenraumes ist nach dem Einbau eines Zwischenbodens in der Folge der Säkularisation vollständig verändert. Die gotischen Gewölbe waren ursprünglich von den barocken Stichkappen mit halbkreisförmigem Querschnitt nur verdeckt. Über den lediglich als Schalung gebauten Barockgewölben hatten sich die mittelalterlichen Bauteile vollständig erhalten. Im Chor ist diese Situation auch heute noch zu sehen. Die barocken Fenster mit Rundbogen und darüberliegendem Oculus wurden 1954 regotisiert. Das barocke Dachwerk von 1747 (d) im Westen ist im alten System, jedoch in moderner Konstruktionsweise, verlängert worden.
Bauaufnahme im Massstab 1:20, verkleinert.*

strebenden mittelalterlichen Gewölbe wurden dazu aber nicht etwa ausgebrochen[12], sondern durch eine deutlich niedrigere Längstonne mit Stichtonnen umhüllt. Das barocke Gewölbe besteht bei näherer Betrachtung nur aus Bohlen und leichten Schalungen, die an das im übrigen vollständig erhaltene mittelalterliche Gewölbe mit kurzen Eisenstangen angehängt sind[13]. Auch hier wurde also der vorhandene Baubestand weitgehend verwertet und nur durch sparsame Zutaten dem veränderten Zeitgeschmack angepasst. Erhöhter Raumbedarf, hier durch die Westerweiterung und den Zubau einer Kapelle an der Nordseite der Kirche dokumentiert, wird durch einen einzigen einschneidenden Eingriff befriedigt, während die übrige Substanz ungeschmälert weiter tradiert wird. Noch deutlicher tritt die Bereitschaft, den Bestand zum Ausgangspunkt der Neugestaltung zu machen, in der barockisierten Kirche des Klosters Oberzell am Main in Erscheinung. Hier ist der romanische Bau unter der barocken Einwölbung und Stuckierung noch vollständig ablesbar und geht mit dem Bestand des 18. Jahrhunderts eine ganz eigenartige Symbiose ein (Abb. 9). Für den Verfechter einheitlicher Entwurfslösungen, sei es im Bereich des Rohbaus oder der Ausstattung, ist auch die malerische Gestaltung der Peterskirche in Weilheim/Teck eigentümlich. Der Bau wurde gegen 1489 zunächst offenkundig ohne Gewölbe im Kirchenschiff errichtet und ausgemalt. Erst eine Generation später erfolgte um 1522 die Einwölbung, die auch die grosse Darstellung des Jüngsten Gerichts auf dem Chorbogen in Teilen überschneidet. Diese Unregelmässigkeit war aber durchaus nicht Anlass, das Gemälde grundlegend umzugestalten oder gar neu zu schaffen. Es wurden vielmehr lediglich die von der Einwölbung betroffenen Figuren, darunter vor allem die thronende Christusfigur im Bogenscheitel, so abgeändert und die überdeckten Figurenpartien auf dem neuen Gewölbe ergänzt, dass das Bild insgesamt lesbar bleibt (Abb. 10). Offensichtliche Beeinträchtigungen der vorher abgewogenen Komposition und Figuration waren scheinbar von weniger grosser Bedeutung.

Abb. 9   Oberzell, Klosterkirche St. Maria. Der romanische Bau ist unter der sparsamen Barockisierung, die die Säulenschäfte frei lässt und lediglich die Kapitelle ummantelt, noch deutlich zu spüren.

Abb. 10   Weilheim/Teck, Pfarrkirche St. Peter. Darstellung des Jüngsten Gerichts um 1489 auf dem Chorbogen. Das Bild wurde 1522 nach dem Einbau der Gewölbe im Kirchenschiff nur in den beeinträchtigten Partien abgeändert, sonst aber unverändert belassen.

Die für das grosse Schloss und eine mittelalterliche Kirche gültigen Methoden, bei zusätzlichem Raumbedarf anzubauen und im übrigen den Bestand weiter zu verwerten, haben bis in die Industriezeit hinein auch im bürgerlichen Bauwesen Gültigkeit. Beispielhaft zeigt dies die Untersuchung eines Ansitzes vor den Mauern der Stadt Kirchheim/Teck. Das massiv errichtete Wohnhaus gilt in der Literatur als Neubau des Jahres 1609[14]. Erst die Bauuntersuchung konnte zeigen, dass die Baumassnahme des beginnenden 17. Jahrhunderts kein Neubau war, sondern lediglich die umfassende Erweiterung eines mittelalterlichen Fachwerkhauses (Abb. 11). Dieser wehrhafte, im Jahre 1427 errichtete Bau entsprach zunächst ganz den Organisations- und Gestaltungsprinzipien des ausgehenden Mittelalters. Ein Haus mit breiter Mitteldiele, vier Bohlenstuben und aussen freiliegendem Fachwerk stand auf einem massiven Sockel. Der Grundriss mit Küche, angeschlossenen Stuben, Kammern und einem aussen angebauten Abtritt, wie er sich in Kirchheim aufgrund zahlreicher Einzelbefunde zweifelsfrei nachweisen lässt, findet sich in vielen Häusern des 15. Jahrhunderts wieder. Die Gesamterscheinung des mittelalterlichen Bauwerks war eher ländlich und wenig repräsentativ. Die Baumassnahme von 1609 erweiterte dieses Bauwerk nach vier Seiten, so dass ein kreuzförmiger Grundriss mit vollständig veränderter Grundrissorganisation zustande kam (Abb. 12). Der Altbau

Abb. 11   Kirchheim/Teck, Schlössle im Freihof. Isometrische Darstellung des mittelalterlichen Fachwerkhauses, das in der frühneuzeitlichen massiven Erweiterung vollständig aufgeht und gleichwohl erhalten ist.

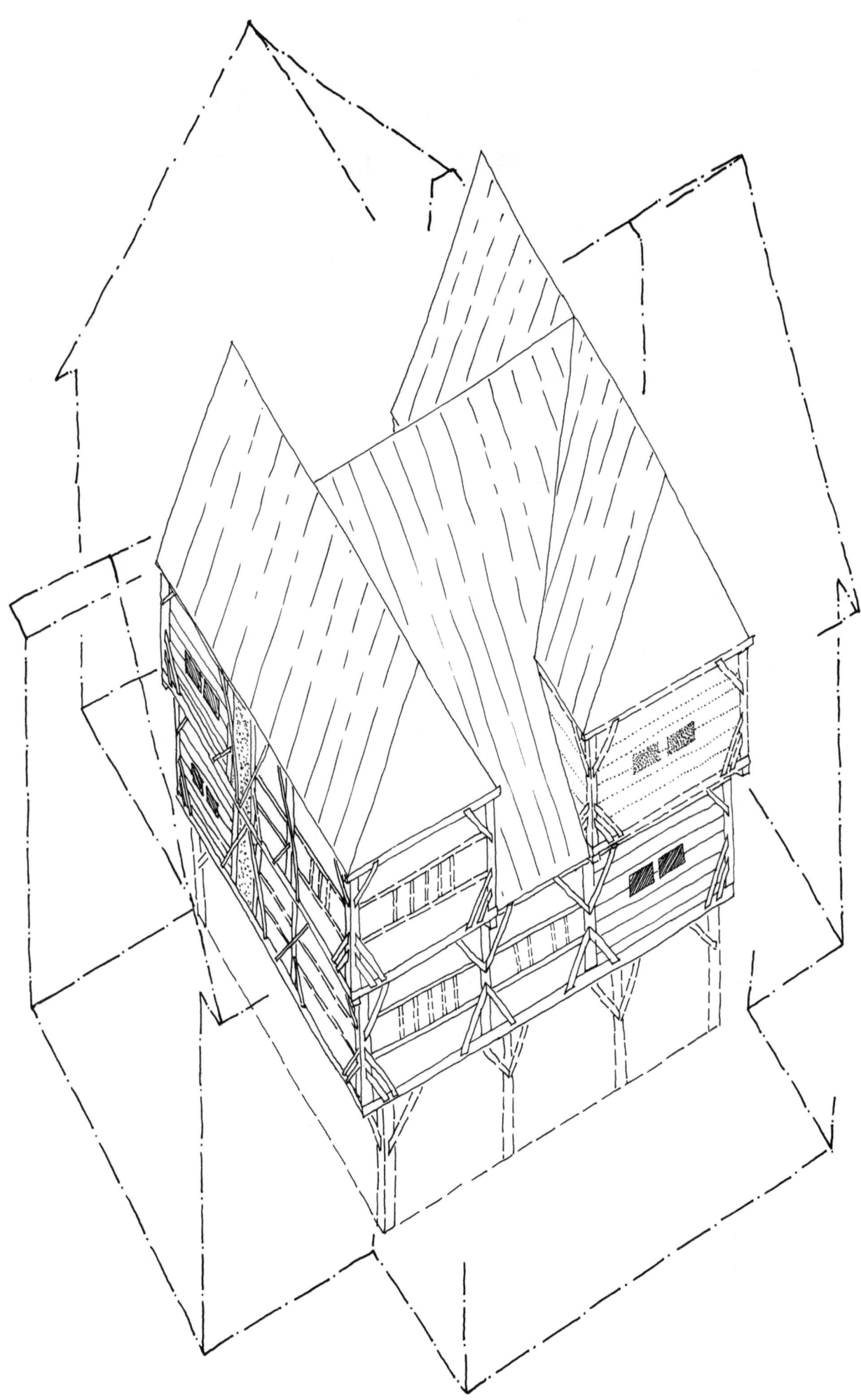

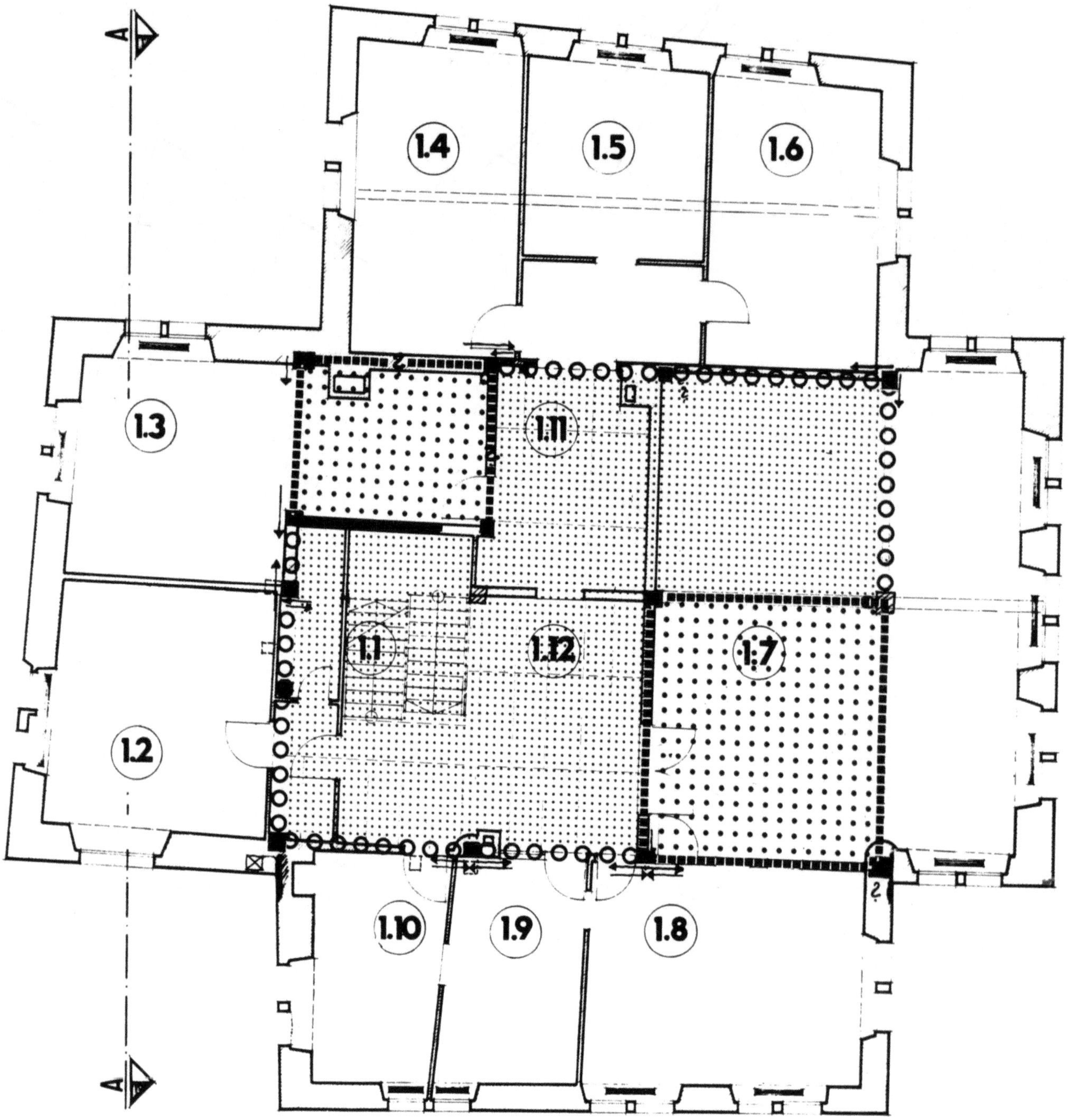

60 Cramer: Das veränderte Gebäude – Nutzung, Struktur, Materie

Fachwerkbau 1427

- Ständer, Bestand
- Ständer, Rekonstruktion
- Ständer, ersetzt
- Bohlenwand, Bestand
- Bohlenwand, Rekonstruktion
- Bohlenstube

- Fussband, einfach
- Fussband, doppelt
- Kopfband
- Steigband

Abb. 12 Kirchheim/Teck, Schlössle im Freihof. Grundriss mit Darstellung der Baubefunde, die zeigen, dass ein erheblicher Teil der mittelalterlichen Substanz weiter verwendet wurde.

Abb. 13 Braunau (Oberösterreich). Baugruppe mittelalterlicher Häuser, die im 18. Jahrhundert unter einem Dach zusammengefasst wurden. Die eigenartige Dachform ebenso wie die Unregelmässigkeiten in der Fassadenlinie und der Fensteranordnung belegen den historischen Veränderungsprozess, der sich im Hausinnern näher verfolgen lässt.

diente fortan vorwiegend als Erschliessungsfläche, während die repräsentativen Stuben in die vier Kreuzarme zu liegen kamen. Über dieses Bauwerk wurden zwei grosse, sich kreuzende Satteldächer gesetzt, so dass der Bau des Mittelalters vollständig in der neuen Baumasse aufging. Obwohl die alte Erscheinung des Bauwerks für das neue Projekt ohne jede gestalterische Bedeutung war, wurde doch ein beträchtlicher Teil der Altsubstanz weiter verwertet. Das Resultat des gründlichen Um- und Erweiterungsbaus ist ein nach aussen massiv erscheinendes, repräsentatives Gebäude, das den Vorstellungen eines stattlichen Wohnhauses der Zeit vollständig entspricht. Dabei wurde der Bau nicht nur in seiner Grundrissform und Raumaufteilung grundlegend verändert, sondern auch vollständig neu mit Stuckdecken und Wandtäfelungen ausgestattet. Hinter den aufwendigen Stuckdecken des 17. Jahrhunderts und flächigen Putzen haben sich wiederum grosse Flächen des mittelalterlichen Ausbaus und der ursprünglichen Farbigkeit geschlossen erhalten. Die Vorstellung, das Alte, zukünftig nicht mehr Sichtbare und damit Funktionslose nur aus diesem einzigen Grunde aus dem Bau zu entfernen, bestand seinerzeit ganz offenkundig nicht. Nur deshalb konnten sich über Jahrhunderte hinweg Spuren der Geschichte in der historischen Substanz in einer Weise anla-

Abb. 14 Schloss Vasoldsberg (Steiermark). Bauphasenplan mit Darstellung der beiden einstmals freistehenden mittelalterlichen Bauten, der allmählichen Erweiterung und Zusammenfassung zu einer Baugruppe, die zuletzt im 18. und abschliessend im 20. Jahrhundert durch eine einheitliche Fassade reguliert wird.

Kernbau 13./14. Jh.
Zubau 15./M. 16. Jh.
Umbau E. 18. Jh.
Umbau M. 19. und 20. Jh.

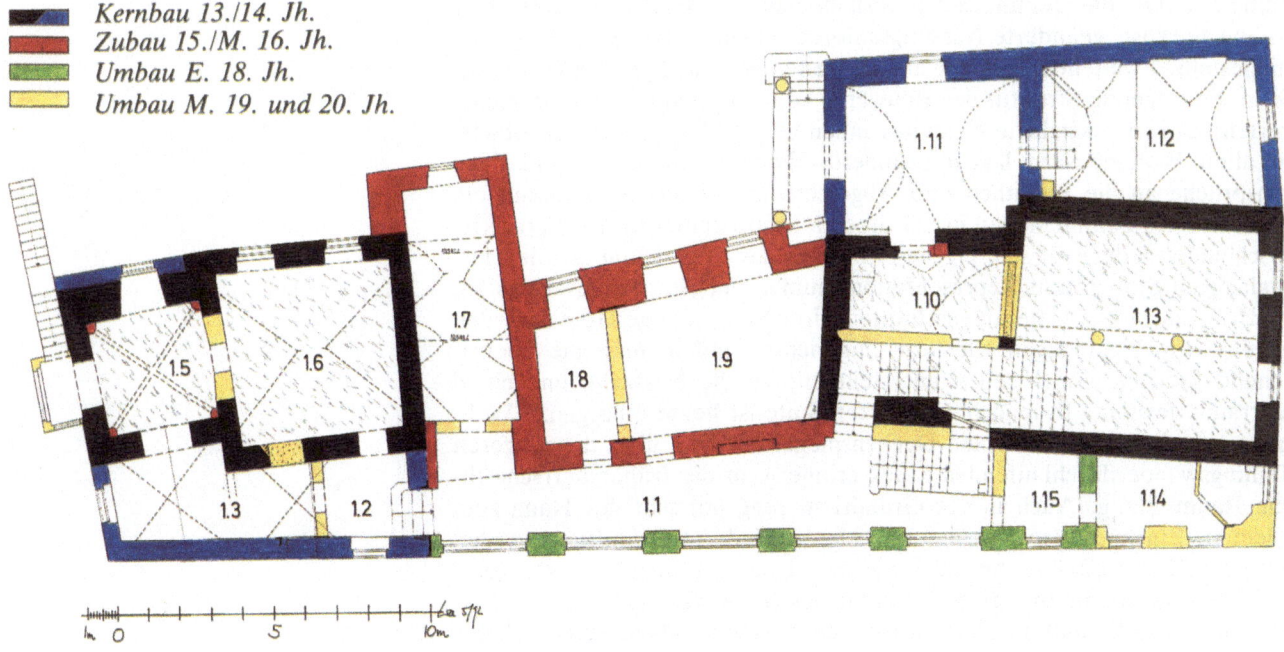

gern, die es der Forschung heute gestattet, die Entwicklung des Gebäudes in unterschiedlichen Bauphasen nachzuvollziehen[15].

Die *Zusammenfassung* mehrerer Bauten zu einer Grossform ist ein gleichermassen geläufiges Schema zur Veränderung historischer Bauten. Im Bereich des bürgerlichen Bauens ist dieses Vorgehen bis in die jüngste Vergangenheit durchaus üblich. Oft ist der geschichtliche Veränderungsprozess schon unmittelbar an der unregelmässig gegliederten Fassade oder an der unregelmässig gestalteten Dachlandschaft abzulesen (Abb. 13).

Ein aufschlussreiches Beispiel für den unbekümmerten und dennoch respektvollen Umgang mit Bauteilen und Bauresten aus ganz unterschiedlicher Zeit bietet ein heute nicht mehr bedeutendes Schloss in der Steiermark (Abb. 14). Die ältesten Bauteile der Anlage gehen bis in das 12. Jahrhundert zurück. Auf einer befestigungstechnisch günstigen Anhöhe findet sich zunächst im Osten eine Kapelle und in einiger Entfernung davon, abgelöst von dem Kirchenbau, ein festes Wohnhaus. Während des späten Mittelalters wachsen die Bauten allmählich zu einer baulichen Gesamtheit zusammen. Das Wohnhaus wird um zusätzliche Räume erweitert und ganz offenkundig in seinen Funktionen differenziert. Weil auf der Westseite die Hangkante eine Erweiterung nicht erlaubt, rückt der Wohnbau im Laufe der Jahrhunderte immer weiter an die Kapelle heran, die ihrerseits durch Sakristeianbauten eine Erweiterung erfährt. Zu Beginn der Neuzeit wird der Raum zwischen Wohnhaus und Kapelle schliesslich mit einer turmbekrönten Durchfahrt geschlossen und so zu einer einzigen Baugruppe zusammengefasst. Die zunächst noch sehr vielgestalte Agglomeration von Bauteilen aus ganz unterschiedlicher Zeit mit sehr unregelmässiger Hauptfassade wird zuletzt im frühen 20. Jahrhundert durch das Vorblenden einer einheitlichen Fassade, hinter der die separate Erschliessung der zuvor hintereinander gereihten Räume ermöglicht wird, zu einer architektonischen Ganzheit verschmolzen. Der auf der Basis einer eingehenden Bauuntersuchung erstellte Bauphasenplan zeigt, dass die Bautätigkeit auch hier vor allem aufbauend, nicht reduzierend war. Stets wurden Räume, Bauteile oder Wände angefügt, der Bestand aufgestockt oder Lücken geschlossen. Ein einheitliches Architekturkonzept entstand nicht durch Abbruch sondern durch gekonnte Adaptierung und Addition. Will man diesen Bauprozess heute kompetent weiterführen, so muss man aus naheliegenden Gründen zunächst die Eigenheiten des Bestandes kennen.

Es bleibt als dritte der genannten Möglichkeiten, ein bestehendes Bauwerk grundlegend zu verändern, dessen *Teilung* in mehrere kleinere Nutzungseinheiten. Ob die Teilung eines vorhandenen Volumens die einfachste Möglichkeit ist, geänderte Nutzungsanforderungen zu befriedigen, sei dahingestellt. Zweifellos ist sie die am häufigsten beobachtete. Ohne Eingriffe in die tragende Struktur des Bauwerks können grosse Räume in kleine zerteilt und so zusätzliche Nutzungseinheiten gebildet werden. Besonders in alten Wohnhäusern lassen geänderte Wohngewohnheiten und neue Ansprüche an die Privatheit und Abgeschiedenheit des Individuums ein gemeinsames Familienleben in der grossen Stube immer weniger attraktiv erscheinen. Jeder will sein eigenes Zimmer, das folgerichtig aus den fast saalartigen Stuben und Repräsentationsräumen der Bürgerhäuser des 18. und 19. Jahrhunderts herausgeschnitten wird. Nicht wenige Hotels werden gegenwärtig in einstigen Klöstern eingerichtet, indem man die überraschend grossen Mönchszellen unterteilt und so die Nasszelle und einen Vorraum gewinnt. In mancher barocken Suite ist heute eine ganze Wohnung eingebaut. Nur noch die Deckenspiegel mit dem über die jüngeren Teilungswände durchlaufenden Stuck erinnern an die früher herrschaftliche Raumteilung. Auch in der Grundrissteilung herrscht der Hang zum Kleinen. Einstmals grossflächige und klar gegliederte Grundrisse werden immer mehr verunklärt, bis am Ende jede Übersicht dazu verloren geht, wo denn nun die ursprüngliche Struktur des Bauwerks versteckt sei. Erst die gründliche Bauuntersuchung fördert dann wieder zutage, dass auch der

Abb. 15 Schwäbisch Gmünd, Münsterplatz 9. Längsschnitt durch das Gebäude; der mittelalterliche Kernbau ist zweigeschossig und kürzer als der umfassende Neubau des Jahres 1434 (d), welcher das Gebäude in den Münsterplatz hinein erweitert und um zwei Geschosse erhöht. In der Barockzeit werden die früher weitläufigen Grundrisse besonders im rückwärtigen Bereich unterteilt, der früher abgewalmte Giebel begradigt und das Dachwerk verstärkt. Bauaufnahme im Massstab 1:20, verkleinert.

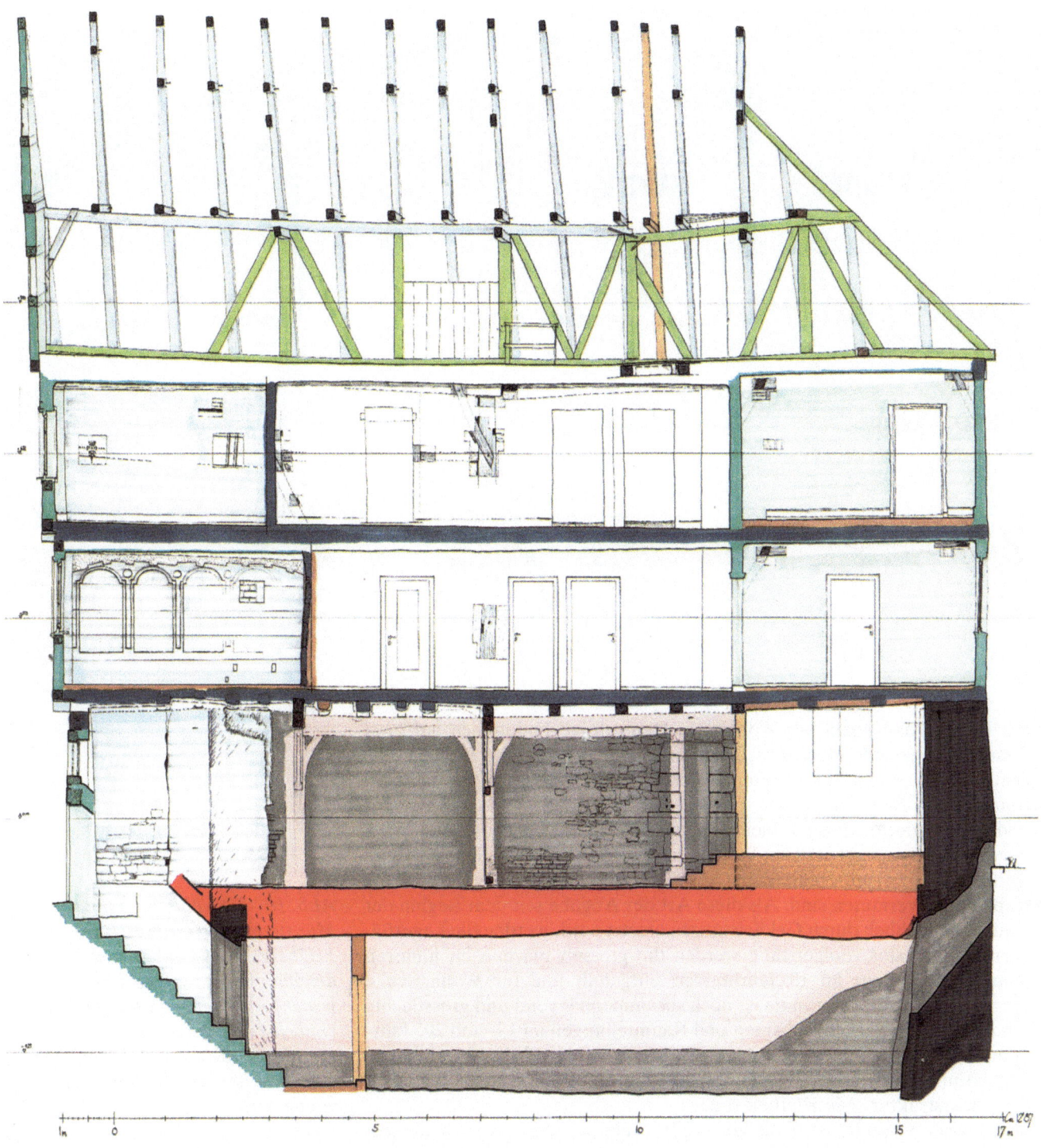

	romanisch
	1434
	1510
	18. Jh.
	19./20. Jh.

verwinkelte Grundriss – gerade dieser – in aller Regel eine höchst einleuchtende Struktur hatte, die nicht selten erst in diesem Jahrhundert durch Leichtbauwände und andere Zufügungen deformiert worden ist. Für die Veränderungen von Wohnhäusern ist dieser Vorgang charakteristisch, wie die Bauuntersuchung eines im Kern noch romanischen Hauses in Schwäbisch Gmünd zeigt. Der gedrungene, ursprünglich wohl nur zweigeschossige Bau am Münsterplatz war vermutlich als Saalgeschosshaus konzipiert (Abb. 15, 16). Auf jedem Geschoss wird man ein einziges grosses Zimmer erwarten können; die Geschosse waren wohl durch eine aussenliegende Erschliessung verbunden. Eine weitergehende Binnenteilung der von den mächtigen Umfassungsmauern definierten Geschossebenen wird es kaum gegeben haben. Im 15. Jahrhundert wurde der Bau deutlich in den weiten Platz hinein verlängert und um wenigstens ein Geschoss sowie ein nutzbares, ziemlich steiles Dach erhöht. Jetzt diente das Haus den zwei Kaplänen

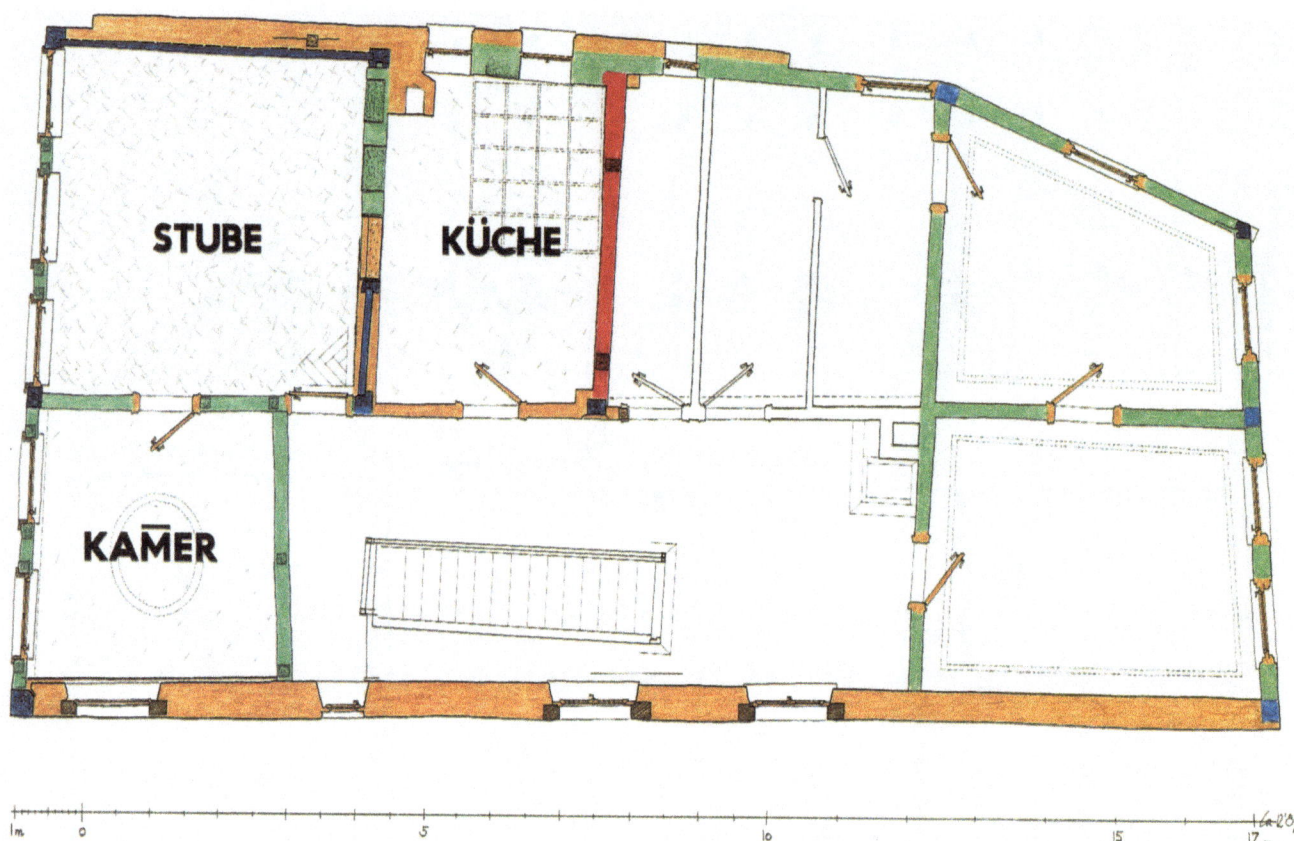

der Leonhards-Kapelle als Wohnhaus. Demzufolge finden sich auf zwei Geschossen jeweils identische Grundrissteilungen, die eine Bohlenstube (mit Stubenkammer?) mit angrenzender Küche aufweisen; gegenüber dem romanischen Bauwerk ist der spätgotische Grundriss bereits kleinteiliger und differenzierter. Freilich bleibt ein grosser Teil der Geschossfläche noch ungeteilt. Die repräsentativen Wohnräume liegen zur Strasse hin, während in den rückwärtigen Hausteilen Lagerflächen für Naturalabgaben an die Kaplanei zu vermuten sind. Als diese Art der Abgabe seit dem Beginn der Neuzeit allmählich durch Geldleistungen ersetzt wird, werden die Lagerflächen funktionslos. Folgerichtig werden die grossen Flächen im hinteren Hausteil spätestens im 18. Jahrhundert aufgeteilt und für Wohnzwecke umgebaut. Nur die Hausmitte ist noch zusammenhängend und grossflächig erhalten. Hier schaffen Zubauten und Raumteilungen im 19. und 20. Jahrhundert am Ende eine Raumstruktur, die überwiegend durch gefangene Räume und Dunkelräume gekennzeichnet ist und der einstmals logischen Grundrissstruktur jede Klarheit raubt.

Was für die Grundrissstruktur gilt, trifft in ähnlicher Form auch für den Schnitt zu. Nicht selten sind ungemütlich niedrige Geschosse nicht der Kleinwüchsigkeit unserer Vorfahren zuzuschreiben, sondern verstärkten Nutzungsbedürfnissen unseres Jahrhunderts zu danken. Aus den hohen Geschossen eines grosszügigen mittelalterlichen Gebäudes wurden nicht selten erst während der Zeit nach dem Zweiten Weltkrieg zwei extrem niedrige Stockwerke gebildet. Gleiches gilt für viele Kirchen, die nach ihrer Profanierung im 16. oder 19. Jahrhundert zu Wohnungen umgestaltet worden sind. Nur wenn der Architekt diesen Veränderungsprozess mit den Instrumentarien der bauarchäologischen Untersuchung nachvollziehen und erkennen sowie in seiner Bedeutung für das Raumgefüge und die Tragstruktur des Gebäudes einordnen kann, wird er auch in die Lage versetzt, für zukünftige Veränderungsmassnahmen die richtige, gebäudeverträgliche Schlussfolgerung zu ziehen.

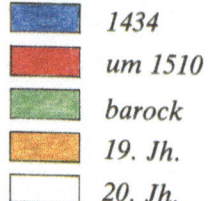

*Abb. 16 Schwäbisch Gmünd, Münsterplatz 9. Grundriss des 1. Obergeschosses mit Darstellung der Bauphasen, welche die immer weiter fortschreitende Teilung des zunächst weitläufigen Geschossgrundrisses belegen.
Bauaufnahme im Massstab 1:20, verkleinert.*

Bauforschung kann Selbstzweck oder pure Wissenschaft sein. Sie ist es aber in aller Regel nicht. Bauforschung ist vielmehr notwendige Voraussetzung für einen geordneten Entwurfsprozess in einem bestehenden Bauwerk. Wer die frühere Organisation und Nutzung des Bauwerks nicht kennt, die grundlegenden Bau- und Nutzungsstrukturen ignoriert, kann den Anspruch eines geordneten, im eigentlichen Sinne wissenschaftlichen, weil nachvollziehbaren Vorgehens bei der Veränderung eines historischen Bauwerks nicht erfüllen. Daraus folgt, dass für die Bautätigkeit im bestehenden Bauwerk ein gegenüber dem Neubauentwurf modifiziertes Vorgehen gefunden werden muss. Zur Schonung von Ressourcen allgemein, zur Vermeidung von Bauschutt[16] im speziellen, sicherlich auch zur Bewahrung kultureller Identität in Form von baukünstlerischen Leistungen, kann bestehende Bausubstanz nicht weiter radikal zerstört werden. Der architektonische Entwurf muss sich vielmehr wieder der Konzepte bedienen, die oben dargestellt wurden: Zu- und Umbau, Zusammenbau, Teilen. Daraus folgt zwangsläufig, dass sich die Organisation der einzelnen Funktionen in einem Bauwerk wesentlich nach der vorgegebenen Struktur des Gebäudes richten muss. Diese Umkehrung des Entwurfsgedankens könnte im Hinblick auf die notwendigen Vorarbeiten aus der Bauuntersuchung als «wissenschaftliches Entwerfen» bezeichnet werden; im Gegensatz zum ungebundenen, freien Entwurf. «Wissenschaftlich» deshalb, weil die Ermittlung einer Reihe von Grundlagen vor dem Beginn des eigentlichen Entwurfsprozesses steht. Die Statik richtet sich nicht mehr nach dem vorgegebenen Entwurf, sondern die Nutzung muss entsprechend den vorhandenen Möglichkeiten geplant werden; was im Ernstfall auch den Ausschluss bestimmter Nutzungsarten nach sich zieht. Vom Architekten erfordert dieses Vorgehen ein hohes Mass an Flexibilität. Die Organisation des Grundrisses muss Rücksicht nehmen auf den Bestand, der bewusst verändert werden soll, wobei bewusst gleichermassen *behutsam* wie *radikal* heissen kann. Die Lage von konstruktiv bedeutsamen Wänden muss ebenso bedacht und eingeplant werden wie die Möglichkeit, vorhandene Wandöffnungen sinnvoll zu nutzen oder die für den Hausbau verwendeten Materialien optimal zur Geltung zu bringen.

Die Methoden, mit denen man sich über Jahrhunderte hin dieser Aufgabe näherte, die das Bauwesen bis in das letzte Jahrhundert hinein ganz wesentlich prägten, haben sich bis heute nicht grundlegend gewandelt. Der Baumeister des 17. Jahrhunderts fertigte für die Veränderungen des Schlosses in Hadamar zuerst einen Bestandsplan; der anonyme Baumeister des 18. Jahrhunderts brauchte zur Beschreibung eines Bauschadens an dem Turm der kleinen Dorfkirche von Tomerdingen zunächst eine Zeichnung als Basis seines Schadensberichtes, mit deren Hilfe er erklärte, wie dem Problem abzuhelfen sei[17]. Der gräfliche Baumeister im eingangs behandelten Idstein handelte 1747, als neben gravierenden Bauschäden auch eine durchgreifende Modernisierung des Schlosses geplant werden sollte, nicht anders. Auch ein berühmter Architekt wie J. I. Hittorff fand es noch 1840 vollkommen selbstverständlich, dass er von dem abgebrannten Théâtre Italien in Paris eine exakte Planaufnahme der Brandruine fertigte, bevor er an den Wiederaufbau nach zeitentsprechendem Konzept ging[18]. Den Architekten des 19. Jahrhunderts war es noch vollkommen selbstverständlich, dass vor der Umgestaltung eines bestehenden Bauwerks die genaue Kenntnis der Baugeschichte, der baulichen Strukturen sowie der jeweiligen Nutzung zu unterschiedlicher Zeit zu erarbeiten war. Selbstverständlich war auch, dass vorhandene brauchbare Strukturen weiter benutzt werden sollten. So kann man sich heute nur wundern, wie dieses bewährte Fundament architektonischen Schaffens so vollständig aus der Ausbildung verschwinden konnte.

Anmerkungen

[1] Bekanntermassen sind die einheitlich wirkenden gotischen Kathedralen immer das Ergebnis eines laufenden Adaptierungsprozesses; ebenso ist festzustellen, dass kaum einer der mittelalterlichen Grossbauten wirklich fertiggestellt wurde. Auf eine Diskussion dieser Frage muss hier aus naheliegenden Gründen verzichtet werden. Das unfertige Bauprodukt jedenfalls war dem Zeitgenossen der vorindustriellen Epoche durchaus geläufig und offenbar nicht unangenehm.

[2] Als Hinweis darauf, dass auch die Barockzeit keine anderen Grundsätze verfolgte, mögen die Umbaupläne für das Zisterzienserkloster Altenryf im schweizerischen Kanton Freiburg gelten. Die mittelalterliche Anlage wurde gegen die Mitte des 18. Jahrhunderts modernisiert. Die grundlegende Neugestaltung des Westflügels behält einen grossen Teil der mittelalterlichen Substanz bei, welcher die moderne Fassade lediglich vorgeblendet wird. Vgl. HERMANN SCHÖPFER. Zisterzienserkloster Altenryf/Hauterive. Baupläne, Veduten und andere Darstellungen des 17.–20. Jahrhunderts. (Zisterzienserbauten in der Schweiz. Neue Forschungsergebnisse zur Archäologie und Kunstgeschichte. Band 2, Zürich 1990, S. 57–83, hier S. 63).

[3] Beispielsweise bleibt überwiegend unkommentiert, dass die «Basilika» Palladios in Vicenza zwar in den eigenen Veröffentlichungen des Architekten mit regelmässigem Grundriss erscheint, in Wahrheit aber über deutlich verzogenem Grundriss erbaut werden musste. Der weiter zu verwertende Baubestand liess eine andere Lösung wohl nicht zu. War das aber für den Architekten ein Mangel?

[4] Dazu besteht mittlerweile eine weitläufige Literatur, die hier nicht umfassend dargestellt werden kann. Als Einstieg wären zu nennen: JOHANNES CRAMER (Hrsg.). Bauforschung und Denkmalpflege. Stuttgart 1987. – WOLF SCHMIDT. Das Raumbuch. München 1989 (Arbeitshefte des Bayerischen Landesamtes für Denkmalpflege, 44). – Der Dom zu Regensburg – Ausgrabung, Restaurierung, Forschung. (Ausstellungskatalog). München; Zürich 1989. – Das Baudenkmal und seine Ausstattung. Bonn 1986 (Schriftenreihe des Deutschen Nationalkomitees für Denkmalschutz, 31). – Das Baudenkmal in der Hand des Architekten. Umgang mit historischer Bausubstanz. Bonn 1988 (Schriftenreihe des Deutschen Nationalkomitees für Denkmalschutz, 37).

[5] Die zunächst gültige Beurteilung des Bestandes in: MAGNUS BACKES. Hessen. München; Berlin 1982 (Georg Dehio. Handbuch der Deutschen Kunstdenkmäler), S. 373–374. Die vollständige Geschichte des Schlosses aufgrund der Quellen ist dargestellt bei: INGRID KRUPP. Das Renaissanceschloss Hadamar. Wiesbaden 1986 (Veröffentlichungen der Historischen Kommission für Hadamar, 37). Einzelergebnisse einer in den Jahren 1987/88 im Auftrag des Staatsbauamtes Wetzlar durchgeführten Bauuntersuchung wurden vorgelegt in: JOHANNES CRAMER. Der Hof des Klosters Eberbach in Hadamar. (Architectura 1, 1990, S. 27–36).

[6] KRUPP, wie Anm. 5, Abb. 12–22.

[7] Gleichzeitig die Grablege des Hauses Ansbach-Brandenburg.

[8] JOSEF MAIER. Leopoldo Retty und der Umbau von St. Gumbertus (1736–1738). (250 Jahre barocke Kirche St. Gumbertus. Ansbach 1988, S. 67).

[9] Aus diesem Grunde mögen ganz allgemein für die Weiterverwendung bestehender Bauteile vor allem die Schwierigkeiten ausschlaggebend gewesen sein, den bei einem Abbruch anfallenden Bauschutt zu «entsorgen», also abzutransportieren. Wegen der beschränkten technischen Mittel mag dieses Problem seinerzeit schon fast ebenso gross gewesen sein wie heute aufgrund mangelnder Deponiekapazitäten.

[10] Dazu: JOHANNES CRAMER. Buchbesprechung: Reinhard Dorn. Mittelalterliche Kirchen in Hameln. Braunschweig 1978. (Architectura 10, 1980, S. 185).

[11] Im gleichen Zusammenhang ist auch auf den Neubau des Schlosses in Weilburg hinzuweisen, wo das Konzept der Vierflügelanlage schon im 16. Jahrhundert realisiert wurde.

[12] Diese Reduzierung des historischen Bestandes ist den Angaben der Kunsttopographie zufolge erst nach dem Zweiten Weltkrieg erfolgt. (Österreichische Kunsttopographie. Bd. 30, Wien 1947, S. 81 f.).

[13] Ein gleichartiger Befund kam kürzlich auch in der Kirche des heiligen Augustinus in Siena zum Vorschein.

[14] Eine auf den Schriftquellen aufbauende Beschreibung des Ansitzes, die auch Ergebnisse der Bauuntersuchung des Verfassers verwertet, hat ROLF GÖTZ. Der Freihof in Kirchheim unter Teck. Kirchheim 1989 (Stadt Kirchheim unter Teck, Schriftenreihe des Stadtarchivs, 9) vorgelegt.

[15] In diesem Zusammenhang wäre auch auf die stets ausgesprochen sparsame Reparatur von beschädigten Oberflächen hinzuweisen. Wo heute routinemässig grosse Putzflächen entfernt und neu aufgetragen werden, hat man sich früher ganz selbstverständlich mit geringen Ausbesserungen und dem Auftragen zusätzlicher Schichten begnügt.

[16] Nach neueren Statistiken macht Bauschutt derzeit etwa ein Viertel des gesamten Müllaufkommens aus.

[17] Baukunst und Bauhandwerk des Deutschen Ordens in Südwestdeutschland im 18. Jahrhundert (Ausstellungskatalog). Ludwigsburg 1981, Kat. Nr. 221.

[18] Jakob Ignaz Hittorf. Ein Architekt aus Köln im Paris des 19. Jahrhunderts (Ausstellungskatalog). Köln 1987, Kat. Nr. 88.

Abbildungsnachweis

2: Staatsarchiv Wiesbaden. – Alle übrigen vom Verfasser.

Manfred Schuller

Historische Bautechnik und Bauorganisation – Ergebnisse moderner Bauforschung

Unser heutiges Wissen über historische Baukonstruktionen beruht weitgehend auf dem Stand vor den 20er Jahren des 20. Jahrhunderts, grossteils aus dem des 19. Jahrhunderts[1]. Bis dahin war dieser Bereich ein zentrales Thema in der Architektenausbildung und Domäne der Architekten in der Forschung gewesen. Heute ist das Wissen um historische Bautechnik und Bauorganisation scheinbar nicht mehr notwendig im Selbstverständnis des Architekten, obwohl neben modernen Bauten die grossen Denkmäler der Architekturgeschichte nach wie vor, wenn nicht stärker denn je bereist und bewundert werden. Auch das Normalpublikum strömt mit der Rückbesinnung auf Geschichtliches in Massen in die Denkmäler und will neben staunen auch wissen: Wie ist das gemacht? Erstaunlich ist die Zunahme der Literatur, darunter viele Reprints, auf diesem Gebiet, ohne dass die Forschung, mit Ausnahme der griechischen und römischen Antike und der Separatleistung Einzelner, wesentlich intensiviert worden ist[2]. Architekten sind in der Forschung inzwischen in der Minderzahl. Kunsthistoriker allerdings konnten und können gerade den Forschungsbereich über historische Baukonstruktionen nicht vollständig ausfüllen; technische Schulung ist hierfür unabdingbar. Im praktischen Anwendungsbereich steht es ähnlich. Zusehends drängen Büros, die bislang fast ausschliesslich im Neubaubereich tätig waren, in die Altbau- und Denkmalsanierung. Inzwischen sind die Architekten in Deutschland – durch die neuen Bundesländer mit stark zunehmender Tendenz – weit über 50% mit «Bauen im Bestand» beschäftigt. Die wenigsten von ihnen sind darauf vorbereitet – wie auch, wenn die Hochschulen hier nicht ausbilden. Katastrophen sind damit vorprogrammiert, für den Bauherrn, den Architekten und insbesondere den Bau selbst. Die eventuelle Krankheit eines alternden Gebäudepatienten zu erkennen, um zielgerichtet die rechte Behandlung anzusetzen, erfordert genaue Voruntersuchung und die richtige Diagnose. Eine möglichst umfassende Kenntnis historischer Bautechniken ist neben der richtigen Dokumentationsmethodik hierzu unverzichtbar.

Was kann ein junger Architekt heute noch profitieren vom Wissen über dieses scheinbar nicht mehr aktuelle Thema? Zunächst sollte es die Neugier zur Nachvollziehung architektonischer Leistungen sein. Architekten aller Zeiten haben sich bis heute mit Rückblicken beschäftigt. Die jahrtausendealte Tradition architektonischen Schaffens kommt immer wieder auf ähnliche, wenn nicht gleiche Probleme zurück. Der Entwurf eines Stuhles stellte zur Zeit der altägyptischen Pharaonen ganz vergleichbare Anforderungen wie noch heute. Auf dem Gebiet der Grossarchitektur liegen die Dinge nicht anders: Licht, Proportionen, Tragen und Lasten, Spannweite, Materialwahl und das Verhältnis zwischen Funktion, Form und Konstruktion sind immanente Themen. Der Konstruktion kommt im entwerferischen Schaffensprozess eine oft mitentscheidende Rolle zu. Ohne sie ist Architektur unmöglich. Die Architekten der gotischen Kathedralen zeigten in den Strebewerken am Aussenbau überdeutlich die Kraftableitung, ähnlich wie dies beispielsweise Norman Foster 1983 bei den Stützen und Tragsystemen der Renault Vertriebsanlage in Swindon andeutet. Die Konstruktion ist sichtbar, ist unmittelbarer Sprachträger der Architektur. Bei anderen Beispielen ist die Konstruktion nicht direkt ablesbar, nichtsdestoweniger aber für das Gelingen des Entwurfsgedankens mitentscheidend. So versteckt sich hinter den Fassaden der Neuen Staatsgalerie in Suttgart von James Stirling ebenso hochentwickelte Baukonstruktion, wie zu ihrer Zeit bei dem Treppenhaus der Würzburger Residenz von Balthasar Neumann.

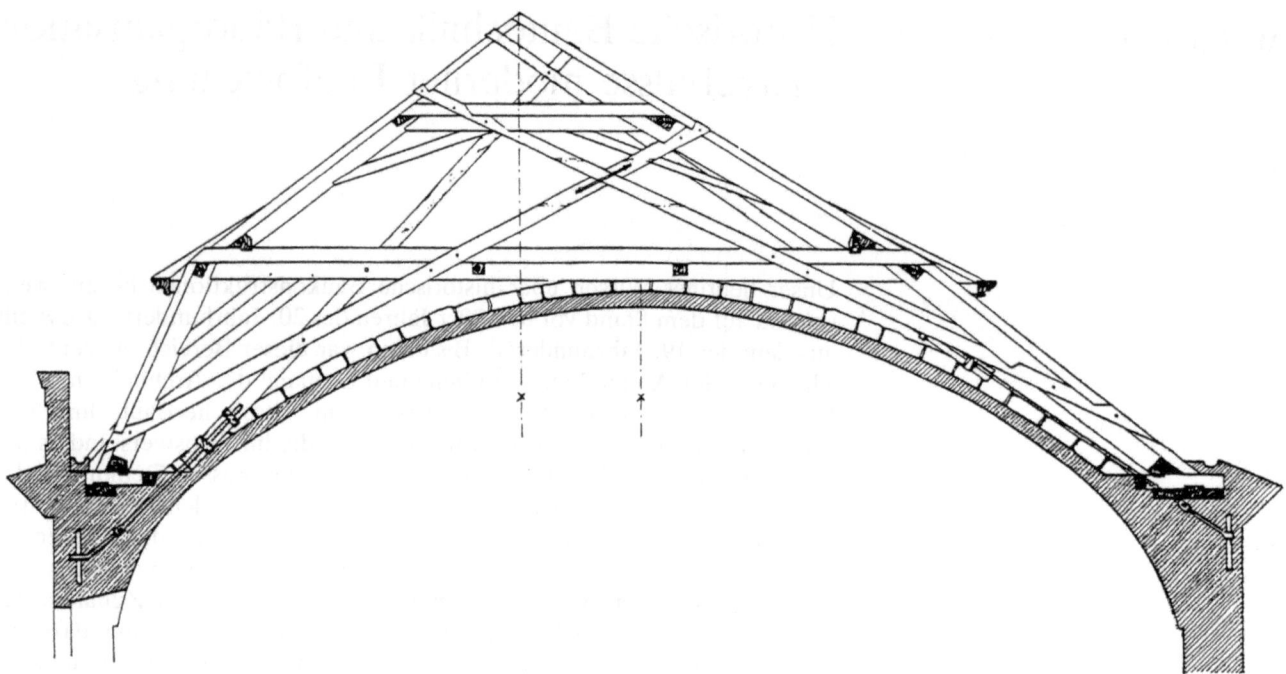

Abb. 1 Würzburg, Residenz, Treppenhaus. Schnitt, Gewölbe und Dachwerk.

Zehntausende, darunter auch Architekten, bewundern alljährlich diese grossartige Raumschöpfung. Dem grössten Fresko der Welt, von Giovanni Battista Tiepolo 1752 ausgeführt, gilt das erste Lob der Führer. Erwähnt wird immerhin meistens noch der eigentliche Bildträger und konstruktive Raumabschluss, das 19 × 32,6 m stützenfrei gespannte Muldengewölbe. Ohne die technische Bewältigung wäre der Entwurfsgedanke, ein stützenfreier lichtdurchfluteter Oberraum, nicht möglich gewesen, ebenso unmöglich auch das gleichgrosse Riesenfresko. Neumann muss damals bautechnisch mindestens ebenso innovativ gewesen sein wie heute etwa Norman Foster. Und er war sich sicher, die Aufgabe mit einer Steinwölbung solide lösen zu können. Die Reiseführer erzählen gern die Anekdote, auf die Zweifel des führenden Architekten der Zeit und Mitentwerfers der Würzburger Residenz, Lukas von Hildebrandt, ob dies überhaupt technisch lösbar sei, habe Neumann mit dem Angebot einer Wette geantwortet: Das Gewölbe würde auch den Abschuss einer Kanone im Vestibül überstehen. Die Ausführung ist meisterhaft. Bei einer Stichhöhe von nur 5,5 m beträgt die Stärke 25–30 cm, in Überzugsgurten etwa 65 cm. Bis 5 m vom Widerlager besteht das Wölbmaterial aus Backstein, danach folgen leichte Tuffquader im Scheitelbereich. Zurecht belegt das Gewölbe einen zentralen Platz in der kunstgeschichtlichen Literatur über die Architektur des 18. Jahrhunderts. Und doch wird heute auch bei einschlägigen Autoren Wichtiges beiseitegelassen[3]: Über dem Gewölbe liegt ein riesiges, allseits abgewalmtes Mansarddach über die gleiche Spannweite (Abb. 1). Ohne die Fähigkeit Neumanns und seiner Zimmerer stützenfrei 19 m zu überspannen, wäre auch das Gewölbe und damit der gesamte Entwurf unmöglich gewesen. Ein Dachwerk dieser Grössenordnung ist durchaus keine Selbstverständlichkeit, zumal etliche Erschwernisse hinzukommen, die auch heutigen Ingenieuren noch Kopfzerbrechen bereiten würden. Die gravierendste Schwierigkeit ist, dass das Gewölbe 3,5 m hoch in den Dachraum hineinragt und so horizontale Zugbänder verhindert, die bei dem unteren liegenden Stuhl des Kehlbalkendaches eigentlich eine statische conditio sine qua non bilden. Zudem sollte das Mansarddach zum Ehrenhof deutlich artikuliert sein, während auf der anderen Seite, zum Festsaal hin, der Dachkörper verdeckt war. Die Folge war ein stark asymmetrischer Querschnitt. Die Zugkräfte auf die Fusspunkte wurden durch eine kräftige Zangenkonstruktion abgefangen, die von Sparren, über liegende Stuhlsäulen und Kehlbalken alle Konstruktionshölzer überblattete. Die ungewöhnliche Verblattung als Holzverbindung bei der Zange zeigt, wie bewusst sich

Abb. 2 Neresheim, Benediktinerkirche. Detail des Konstruktionsrisses von Ignaz Michael Neumann. (Würzburg, Mainfränkisches Museum, Sammlung Eckert, SE 129).

Neumann der Wirkung dieser Verbindungskonstruktion war, die üblicherweise als ein Konstruktionselement des Mittelalters, allenfalls des 16. Jahrhunderts gilt. Ebenfalls mit Blättern ist eine weitere Schere in den Dachwerksbinder eingehängt, deren Fusspunkte über Eisenstangen tief in das Mauerwerk der Traufe eingreifen, dort eine Längsbewehrung der Mauerkrone umfassen und mit einem Quersplint enden. Neumann traut dem Dachwerk damit zusätzlich eine Zugverbindung zum Ausgleich des Gewölbschubs zu[4]. Dass dies nicht nötig war, zeigte die Brandkatastrophe 1945, die zugleich bewies, dass Neumann mit der Kanonenschusswette tatsächlich kein Risiko einging. Der brennende Dachstuhl stürzte auf das Gewölbe, ohne es wesentlich zu beschädigen. Das Gewölbe hielt ohne Zuggurte im Dach und schützte trotz enormer Brandlast das weltberühmte Fresko Tiepolos. Die Baukonstruktion hatte in diesem Falle ganz entscheidend mit dazu beigetragen, einen grossartigen Entwurfsgedanken zu verwirklichen. Die Kenntnis von Gewölbeform, Gewölbematerialien und Dachwerk sind zum Verständnis dieser Schöpfung auch heute unumgänglich. Beispielhaft ist dies in der Monographie der Würzburger Residenz von

Sedlmaier (Kunsthistoriker) und Pfister (Architekt) 1923 dokumentiert und vorgeführt[5]. Moderne Publikationen vernachlässigen zumindest das Dachwerk, da heute weder Kunsthistoriker noch Architekten diese scheinbar komplizierten Konstruktionen auf Anhieb verstehen. Was man nicht versteht, wird nicht behandelt. Neumann hat mit Sicherheit entwerferisch konstruiert. Davon zeugt das Ineinandergreifen von Raumkonzept, Gewölbe und Dachwerk an der Würzburger Residenz, wie auch eine Vielzahl weiterer ausgeführter Projekte, von denen noch die Entwurfszeichnungen vorhanden sind. Wie detailliert solche Vorplanungen ausfallen konnten, zeigt der berühmte Konstruktionsriss für die massive Einwölbung und die Dachwerke der Benediktinerabteikirche von Neresheim (Abb. 2). Balthasar Neumanns Sohn, Franz Ignaz Michael Neumann, führte diesen Plan 1755, zwei Jahre nach dem Tode des Vaters, aus, wohl um den amtierenden Abt von der Durchführbarkeit einer massiven Wölbung zu überzeugen[6].

Das Wissen zu mehren über historische Konstruktionen ist eines der Kerngebiete der Bauforschung. Nur selten verfügen wir allerdings über so hervorragende Materialien wie aus der Mitte des 18. Jahrhunderts, wo komplett erhaltene Bauten und originale Baupläne unmittelbaren Einblick in das architektonische Schaffen bieten. Historische Baupläne sind selten erhalten, die Bauwerke oft einem langandauernden Änderungsprozess unterworfen, die Kenntnis über alte Baukonstruktion häufig verschüttet. Die Bauforschung ist hier gefragt, die versucht, alte Bauwerke zu entschlüsseln und zu verstehen. Unser «Bauplan» ist die genaue Bauaufnahme vor Ort in einem grossen, detailgemässen Massstab (meist 1:25), die das Gebäude in Schnitten, Grundrissen, Ansichten und in Details dokumentiert. Erst ein solchermassen verlässliches Material lässt gesicherte Schlüsse und Interpretationen zu. Man stelle sich nur vor, dass – was bis heute gang und gäbe ist – «genaueste» Proportionsanalysen an Plänen erstellt werden, die im Meterbereich vom Original abweichen[7]. Es ist überraschend, wie wenige, exakte Unterlagen über historische Bauten existieren, wie wenig Konkretes man weiss. Selbst Bauwerke, die in keiner Architekturgeschichte fehlen, machen hier keine Ausnahme, so zum Beispiel der Dogenpalast in Venedig. Bis heute existiert kein verlässliches Planmaterial, die baugeschichtlichen Forschungen der jüngeren Zeit brachten mit wenigen Ausnahmen mehr Verwirrung denn Klarheit[8]. Zwischen 1985 und 1987 hatte ich die Gelegenheit, eingerüstete Teilausschnitte der mittelalterlichen Fassaden zur Molo- und zur Piazettaseite exakt zu vermessen und zu untersuchen[9]. Die Zeichnungen entstanden unmittelbar vor Ort auf den Gerüsten mit – aus Dokumentationsgründen – Bleistift auf Karton. Im Massstab 1:25 sind alle sicht- und erfassbaren Details eingetragen: Steinschnitt, Oberflächenbearbeitung, Beschädigungen u. a. Alle diese kleinen, oft scheinbar nebensächlichen Dinge sind für uns wichtig. Der Bauforscher muss Detektiv sein, Spurensicherung betreiben, um sich ein möglichst genaues Bild zu machen in einem Indizienverfahren. Und er muss «Entwerfer» sein, da seine intellektuelle Leistung ein umgekehrter Entwurfsprozess ist. Das Bauwerk oder seine Reste sind vorhanden; die Bauaufnahme erschliesst den Zugang und bildet die Basis für die Analyse der Baugeschichte, der Bauformen, Bautechnik und letztendlich des Entwurfsgedankens. Dazu muss der Bauforscher Architekt sein, muss selbst planen und bauen gelernt, muss selbst entworfen haben. Unser Nachwuchs kommt also direkt aus den Kreisen junger Architekten an den Hochschulen. Umgekehrt vermögen wir etliches zu bieten in der Architektenausbildung: eine fachdirekte Analyse historischer Bauten, eben unter Einbeziehung bautechnischer Bereiche, wie am Treppenhaus in Würzburg. Historische Architektur – sei sie anonym oder weltberühmt – hat zu allen Zeiten Architekten beschäftigt und zu Analysen bewogen, darunter die besten Entwerfer, mögen sie Palladio oder Le Corbusier heissen. Für den eigenen «modernen» Entwurf mag eine Kenntnis, ein Verständnis historischer Architektur mit ihrem gesamten Zusammenspiel, darunter auch bautechnischer Aspekte, anregender sein als ein Blättern in und Kopieren aus zeitgenössischen

Abb. 3 Venedig, Dogenpalast.

«modischen» Zeitschriften. Gute Beispiele gibt es genug, und architektonische Qualität ist beständig, ihre Grundmuster haben sich bis heute nicht geändert. Der Dogenpalast ist ein beredtes Zeugnis hierfür.

Schon immer war die «Ecke» ein Gradmesser für die Qualität von Architektur. Der Dogenpalast besitzt eine besonders ausgeprägte, weil auch städtebaulich sehr dominante Lösung (Abb. 3). Sie sieht zunächst sehr einfach aus. Zwei riesige, gleichgestaltete Wände stossen rechtwinklig aufeinander. Die Wandzonen sind auf den ersten Blick zweigeteilt. Ein flächiger, farbig inkrustierter Bereich mit eingeschnittenen Fensteröffnungen nimmt die obere Hälfte des über 20 m hohen Bauwerks ein. Die untere Zone ist wiederum zweigeteilt. Im Erdgeschoss reihen sich spitzbogige Arkaden auf einer basislosen, gedrungen proportionierten Säulenreihe. Darüber stehen, im halbierten Rhythmus, schlankere Säulen mit Brüstungsfeldern, die zwischen ihren Kielbögen Vierpassscheiben einfassen. Beide Zonen sind – jedenfalls erscheint dies heute so – einheitlich in istrischem Werkstein errichtet und setzen sich damit durch das Wechselspiel von blendendem Weiss und filigranen Schattenzonen deutlich von der oberen Hälfte ab. Ausser den in Arkaden- und Loggiazone deutlich verstärkten Ecksäulen und der an der Kante verdichteten Skulpturenausbildung fällt zunächst nichts Aussergewöhnliches auf. Doch wer den Eckkonflikt des griechischen Tempels oder die Ecklösungen etwa Mies van der Rohes kennt, weiss, dass gerade schematisiert anmutende Gliederbauten hier grösste formale und konstruktive Anforderungen stellen.

Um wirkliche Aussagen treffen zu können, musste am Dogenpalast die räumliche Situation erfasst werden. Dies geschah durch eine Ansicht von Süden (Abb. 4), zwei Vertikal- und fünf Horizontalschnitte durch die Zonen der Arkaden und der Loggia, die alle genauestens in ihrer räumlichen Lage aufeinander bezogen waren. Der mittelalterliche Architekt, Filippo Calendario, der den Hauptteil des Bauwerks zwischen 1341 und 1355 errichtete, hatte mehrere Vorgaben. Schon der Vorgängerbau an gleicher Stelle besass nach den Beschreibungen zumindest eine Loggiazone und knickte an der Ecke um. Hauptanlass des Neubaus war die Errichtung eines riesigen Saales für den ständig erweiterten Personenkreis des grossen Rats. Bis zu 1600 Personen sollte dieser Raum aufnehmen und war daher entsprechend dimensioniert (56 m lang, 25 m breit, 15 m hoch). Der Saal mit 2 zu 5 Fensterachsen kam über diese Ecke zu liegen. Zudem musste ein in dieser Qualität und Fülle an Profanbauten bis dahin unerreichtes Skulpturenprogramm untergebracht werden[10]. Calendario, zugleich Chef der Bildhauer, gelang eine einzigartige Verflechtung. Architekturform, Skulptur und Baukonstruktion bilden eine unteilbare Einheit.

Die Ecke des Palastes war direkt der Stelle zugeordnet, wo zwischen den beiden grossen Säulen mit den Titelheiligen Venedigs der Staatsgast anlandete und Staatsverbrecher hingerichtet wurden (Abb. 3). Das Programm der Skulpturen bezog sich deutlich hierauf und zeigte, dass im Palast Recht gesprochen wurde. In der Loggiazone, unter der Ecke des grossen Saales, steht der Erzengel Michael mit dem Richtschwert, hoch über der Gruppe des Sündenfalls in der Arkadenzone des Erdgeschosses. An der Ecke des Palastes ragt der Feigenbaum nach oben, um den sich die Schlange ringelt. Adam und Eva stehen auf dem grossen Eckkapitell, das die Tierkreiszeichen und, gegen den Platz, die Erschaffung Adams zeigt. Das erweiterte Programm des Kapitells und das Einfügen der Sündenfallgruppe wäre ohne die deutliche Verstärkung der Ecksäule (Abb. 5) nicht möglich gewesen. Die Gruppe ist aus einem Block gearbeitet, Adam und Eva sind getrennt durch den Baum je einer Palastseite zugeordnet, werden aber in der wichtigen Diagonalansicht zu einer Gruppe.

Abb. 4 Venedig, Ecke des Dogenpalastes von Süden.

Über die Bildfunktion hinaus dient der Werkblock als statisch tragendes Bauteil (Abb. 5). Auf ihm lastet ein Grossteil der Kräfte, die sich vom Dachwerk über die Eigen- und Nutzlast des Grossen Saales bis zur Loggia summieren. Die Skulpturengruppe ist also untrennbar in die Architektur miteinbezogen und muss bereits in einem frühen Arbeitsstadium versetzt worden sein.

Abb. 5 Venedig, Dogenpalast. Steinschnitt der südlichen Ecke.

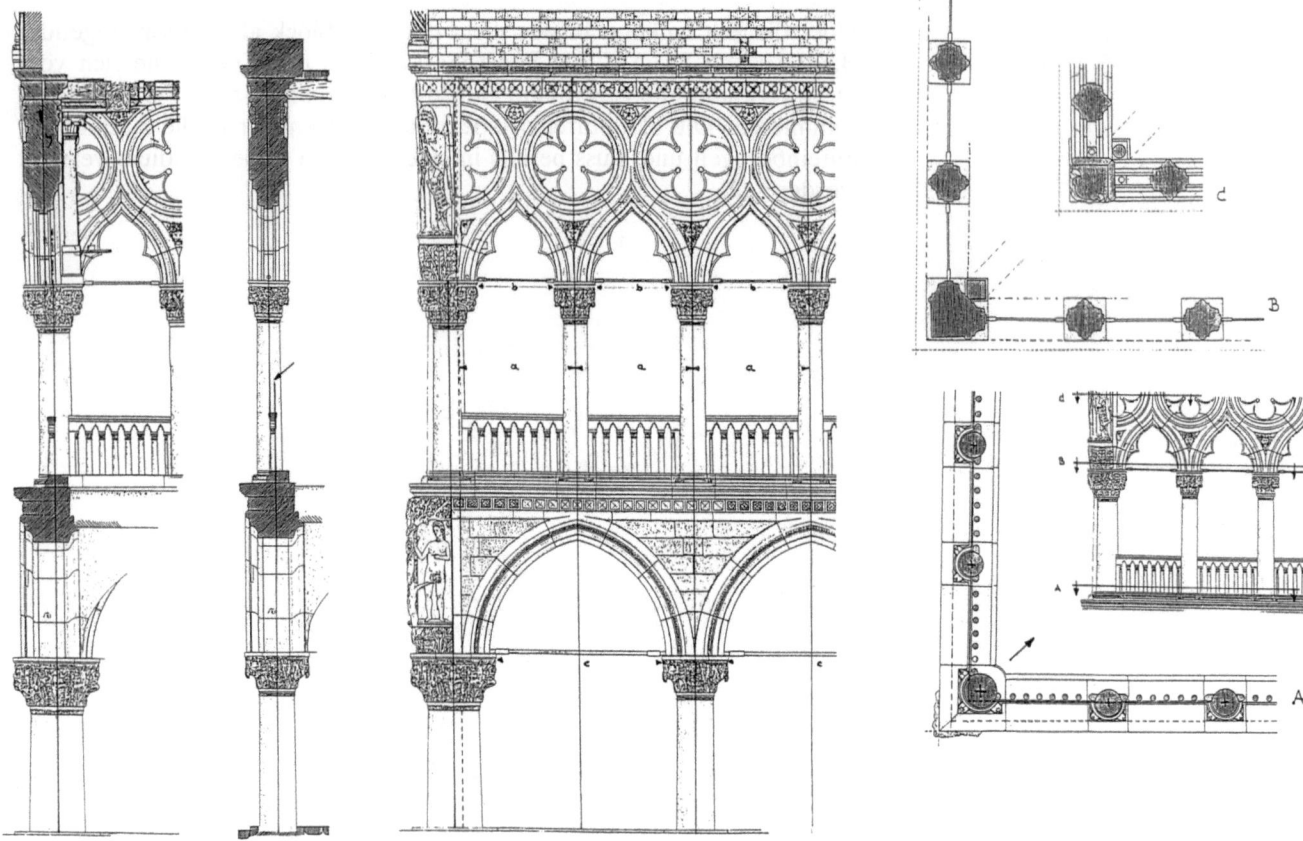

Abb. 6 Venedig, Dogenpalast.
Strukturanalyse der südlichen Ecke.

Ähnlich liegt der Fall in der Loggiazone. Auf der erweiterten quadratischen Kapitelldeckplatte findet der diagonal ausgerichtete, überlebensgrosse Erzengel Michael an der Ecke Platz. Sein Werkblock übernimmt die Lasten aus den Saalwänden und dem Dachwerk. Eine halbseitig aufgeschnittene Vierpassscheibe an der Ecke hätte diese statische Funktion nie übernehmen können. Sie lehnt sich jetzt an den Eckblock an; der Löwenkopf im Restzwickel, der schlecht zu halbieren war, wurde zur Seitenansicht umgebogen (Abb. 4). Form und Konstruktion werden überzeugend, scheinbar selbstverständlich verbunden. Die notwendige, auch dem Auge logisch erscheinende statische Verstärkung der zweiseitig belasteten Ecke ist über die Verdickung der Säulen und über zusätzlich ins System eingeführte Skulpturenblöcke erreicht. Der massive, tragende Kern wird durch die plastische Ausarbeitung verborgen, erst das Aufmass offenbart das Innenleben. Insbesondere die Loggia behält dadurch auch an der Ecke ihre leichte, durchbrochene Wirkung, gerade im Gegensatz zum auflastenden Kastenoberbau des Grossen Saals. Soweit scheint die Architektur der Ecke geklärt zu sein, da die Ansicht keine weiteren Unregelmässigkeiten zeigt: Über jeder Arkadensäule steht mittig eine Loggiasäule. Auch die Ecksäulen der Arkade und Loggia gehorchen diesem Grundsatz (Abb. 6). Die Zeichnungen verraten bei näherer Analyse allerdings, welch genauestens durchdachte, eindeutig vor dem Baubeginn in einer komplexen Planung festgelegte Feinheiten zu dieser überzeugenden Lösung führten. Aus der Verstärkung der Ecksäulen folgte zwangsläufig eine Erweiterung des Eckjoches gegenüber den Normaljochen (a in Abb. 6), da der Abstand der Kapitelldeckplatten (b und c) beibehalten wurde. Die Erweiterung legt ihrerseits exakt die Stärke des begrenzenden Randwulstes der Erdgeschossarkade und damit auch die Bogenwülste selbst fest. Direkt neben der projizierten Säulenachse steigt der Wulst senkrecht hoch, bevor er über den Arkaden horizontal umknickt. Architektur ist allerdings ein räumliches Gebilde, das nicht nur in der Ebene einer Ansicht beurteilt werden darf. Die Horizontalschnitte in Abbildung 6 belegen dies eindeutig. Obwohl die Basis der Loggiaecksäule durch den verstärkten Durchmesser grösser als die der Normalsäulen ist, weicht ihre Vorderkante hinter die Flucht der Normalbasen zurück (gestrichelte Linie IV A). Die Ecksäule muss also bewusst diagonal nach hinten verschoben worden sein. Beim Schnitt über der Kapitellplatte liegt die Situation anders. Entsprechen bei der Normalsäule die Abmessungen der Säulenbasis denen der Deckplatte, so ist am Eckkapitell die Kantenlänge der Deckplatte gegenüber der Basis erheblich erweitert. Die Basis war durch die einheitliche Abfolge von Wulst-Kehle-Wulst im Profil gebunden, während das Kapitell fast beliebig erweitert werden konnte. Es erreicht gegenüber dem Normalkapitell eine über doppelt so grosse Deckplattenfläche. Die Vorderkanten der Eckdeckplatte fluchten dabei mit denen der Normalkapitelle (Abb. 6 IV B). Auf der Deckplatte ist über die Erweiterung ausreichend Platz für wichtige konstruktive Zusammenhänge geschaffen. Auf die tragende Funktion des Erzengel-Michael-Werkblockes wurde bereits hingewiesen. Doch damit nicht genug. Auf der Deckplatte des Loggiaeckkapitells ist durch das diagonale Einrücken der Säule nach innen im Winkel der hier aufeinandertreffenden Bogenprofile Platz für eine Basis mit darauf stehendem Säulchen geschaffen (Abb. 6 I und IV C). Es übernimmt die überaus wichtige Aufgabe, einen Diagonalunterzug aus Holz zu tragen, auf dem die Balkenlage des Grossen Saales mit der Verkehrslast von bis zu 1600 Personen aufliegt. Konstruktives Denken hat also mit Sicherheit bei dem Entwurf der Ecke eine wichtige Rolle gespielt. Dass zudem auch im Querschnitt Achsverschiebungen notwendig waren, um die Differenz in den Säulenquerschnitten von Loggia- und Arkadensäule überzeugend zu verknüpfen, zeigen die beiden Schnitte in Abbildung 6 I und II. Bei dem Normalschnitt II ist die Achse der Loggia und damit der Vierpassarchitektur – indirekt auch der inkrustierten Saalwand – leicht nach aussen verschoben, steht also aussermittig auf den Arkadenbögen. Calendario vermeidet so ein zu starkes Zurücktreten der Obergeschosse gegenüber der Arkadenzone. An der Ecke sind die Systeme jedoch wieder verbunden. Loggia- und Arkadenecksäule stehen nicht nur wie die Normalsäulen in der Ansicht achsial übereinander, sondern tatsächlich räumlich in einer Achse.

Doch nicht allein der Entwurf, der bis ins kleinste Detail vorgeplant und zeichnerisch fixiert gewesen sein muss, ist von höchster Qualität. Der gesamte Steinschnitt der Loggia- und Arkadenzone ist streng vereinheitlicht (Abb. 5). Die einzelnen Werkstücke der Vierpässe oder der Arkadenbögen sind so exakt gleich gearbeitet, dass sie ohne Probleme untereinander austauschbar wären. Die im 19. Jahrhundert ausgewechselten, heute im Steindepot des Dogenpalastes liegenden Architekturteile ermöglichen uns wertvolle Einblicke in die Bautechnik[11]. So wurde der Basisblock der Adam-und-Eva-Gruppe durch eine Kopie ersetzt, nachdem das Original durch Fundamentsetzungen gerissen war. Der grosse Werkblock umfasst ein vertieftes Auflager mit äusserer Blattverkleidung für den Skulpturenblock und symmetrisch angearbeitet, mit voller Profilausbildung, die Anfänger der jeweils ersten Arkade neben der Ecksäule (Abb. 7). Um den wertvollen und zudem statisch hochbelasteten Skulpturenblock vor jeder Bruchgefahr zu sichern, ist das Oberlager der vertieften Fläche mit einem perfekten Gusskanalsystem überzogen. Alle Fugen hochbelasteter Werksteinteile des Dogenpalastes sind nicht mit Kalkmörtel, sondern mit einer etwa 0,3 cm starken Bleilage verbunden. Das Blei wurde in heissem Zustand über Gusskanäle zwischen die bereits auf Abstandklötzchen versetzten Werkteile eingefüllt. Lehm an den Fugenrändern diente zur Abdichtung. So war gewährleistet, dass selbst kleinste Unebenheiten ausgeglichen wurden. Da die mittelalterlichen Werkleute in Venedig, wohlwissend um ihren labilen Baugrund, keine Dübel zwischen die Bauteile setzten, konnten die Bleifugen kleinere Setzbewegungen aufnehmen, ohne dass grössere Teile absplitterten oder gar der Block riss[12]. Die beiden konisch eingetieften Löcher im Oberlager des Basiseckblockes zeigen zudem, dass als Hebewerkzeug zwei «Wölfe» dienten.

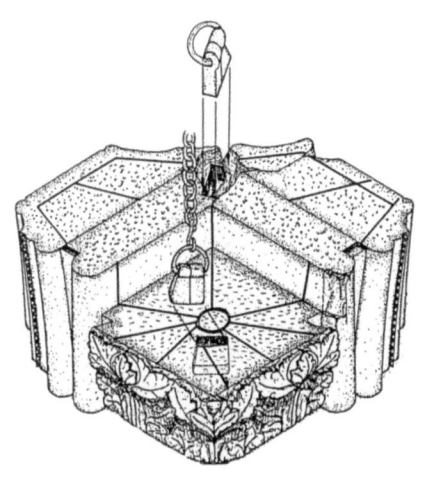

Abb. 7 Venedig, Dogenpalast. Isometrie des Basisblocks der Adam-und-Eva-Gruppe.

Der perfekte Steinschnitt des Dogenpalastes, der in mittelalterlicher Architektur meines Wissens unerreicht ist, führt zu weiteren Überlegungen, die für das geplante Erscheinungsbild des Palastes von grösster Bedeutung sind. In den Bogenzwickeln der Arkaden liegt vertieft eine Quaderfüllung, die zwar einen einheitlichen Fugenschnitt aufweist, an der Oberfläche aber relativ grob mit einem Zahneisen geebnet ist. Alle sonstigen Werksteinoberflächen des Palastes sind sehr fein geschliffen und waren sehr wahrscheinlich mit einer Öltränkung versehen, wohl um marmorartige Wirkung, vielleicht auch um einen frühen Steinschutz zu erreichen. Zudem liegen keine Pressfugen von wenigen Millimetern Stärke, wie sonst überall am Bauwerk, sondern breitere, verstrichene Fugen vor. Die Wülste der Bögen enden nach einem vollen Halbkreisquerschnitt mit einer leicht zurückspringenden Nut von etwa 3 cm Tiefe bis zur massiven Quaderung. Für alle Zwickelbereiche war nach diesem technischen Detail eine Platteninkrustation vorgesehen, die die Arkadenzone und den ganzen Bau entscheidend anders geprägt hätte. In zwei Zwickeln am Dogenpalast sind noch originale Plattenverkleidungen, gewissermassen «1:1» Modelle aus den Zeiten Calendarios, angebracht, die zeigen, wie farben- und formenprächtig diese Füllungen ausgefallen wären. Es handelt sich um Scheiben aus verschiedenen Marmoren und Kalksteinen auf rotem Grund. Warum diese Inkrustation nicht ausgeführt wurde, wissen wir nicht. Doch die Abbildung 8 vermag vielleicht eine Vorstellung zu geben, wie anders, wie nochmals reicher die Fassaden gewirkt hätten. Zudem muss jetzt die übliche Würdigung der Fassade in fast allen Publikationen revidiert werden. Eine Zweiteilung in farbigen, flächigen Oberbau und eine zweite filigrane hell-dunkel Steinarchitekturhälfte unten war nicht geplant[13]. Die Loggia wäre zwischen zwei – wenn auch unterschiedlich gewichtete – farbige Zonen eingespannt gewesen.
Der Dogenpalast kann zu Recht zu den Spitzenleistungen mittelalterlicher Architektur gezählt werden. Die feinen inneren Qualitäten erschliessen sich allerdings erst nach intensiver Bauforschung auf Grundlage eines genauen, die Räumlichkeit erfassenden Planmaterials. Erst hier wird nachvollziehbar, wie durchdacht die Konstruktion, die Form und das Skulpturenprogramm miteinander verwoben sind.

Filippo Calendario ist als Architekt und als Bildhauer unter die führenden Künstlerpersönlichkeiten seiner Zeit, nicht nur in Italien, einzureihen. Zudem besass er ein Transportunternehmen und war auch politisch aktiv, was ihn den Kopf kosten sollte, da er an dem gescheiterten Putschversuch des Dogen Marino Falier teilnahm. Dass ein solcher Mann eine Grossbaustelle organisieren konnte, glaubt man gern. Die kurze Bauzeit, der exakte Steinschnitt zur Vorfertigung und der schon sicher vor Baubeginn – bis ins kleinste durchdachte und auf Plänen fixierte Entwurf sprechen dafür. Über den Baustellenablauf, die Organisation einer solchen historischen Grossbaustelle weiss man bislang wenig. Seit nunmehr sieben Jahren versuchen wir solchen Fragen an einem weiteren Grossbau, der Kathedrale von Regensburg, nachzugehen. Das zuweilen über zehnköpfige Team der Arbeitsgruppe Bauforschung erarbeitet eine möglichst lückenlose Dokumentation des riesigen Baus, unter Genauigkeitsansprüchen, wie sie an gotische Kathedralen bisher nicht gestellt wurden[14]. Das feinmaschige Netz hat sich auch hier bewährt. Die einzelnen Abschnitte des gotischen Neubaus können wir über eine Bauzeit von etwa 230 Jahren inzwischen sehr genau verfolgen. Auch Planänderungen, Fehler und deren Korrekturen schälen sich oft auf Grund zunächst unwichtig scheinender, im Zusammenhang aber schlüssiger, häufig beweisender Indizien heraus.
Eine Bischofskirche entsteht im 13. Jahrhundert üblicherweise nicht mehr auf einer grünen Wiese. So auch in Regensburg nicht, wo die innerstädtische Enge und insbesondere der karolingisch-romanische Vorgängerbau wichtige Vorgaben für den Bauplatz lieferten. Zudem musste die Kontinuität der Liturgie gewahrt bleiben. Deshalb blieb die östliche Hälfte des Altbaus stehen, eine provisorische Mauer trennte die neue Grossbaustelle

Abb. 8 Venedig, Dogenpalast. Bogenzwickel der Erdgeschossarkaden, links Bestand, rechts Rekonstruktion.

ab (Abb. 9A). Zunächst wurden auch beide romanischen Westtürme, das alte Atrium mit zwei gewölbten Seitengängen und die im Westen abschliessende, ehemalige Tauf- dann Stiftskapelle St. Johannis geschont. Der geräumige Atriumshof diente nach den Ergebnissen der Ausgrabungen von 1985 als Bauhüttenplatz, wo von der Kalkgrube, dem Mörtelansetzen bis zum Schlagen und Lagern der Werksteine alle Bereiche des Bauens konzentriert waren[15]. Der neue gotische Chor wurde, etwas südlich aus der alten Achse gerückt, an Stelle des karolingischen Langhausostteils einheitlich gegründet und einheitlich bis etwa 2 m über das neue Innenniveau hochgemauert. Im Süden reichte die erste Bauphase über die Querhausfassade mit dem Südportal bis einschliesslich des ersten Langhausjoches weit nach Westen. Die Einrichtung dieser Baustelle erforderte ebensoviel Erfahrung wie Vorausdenken und -planen: Die Liturgie konnte im reduzier-

A

B

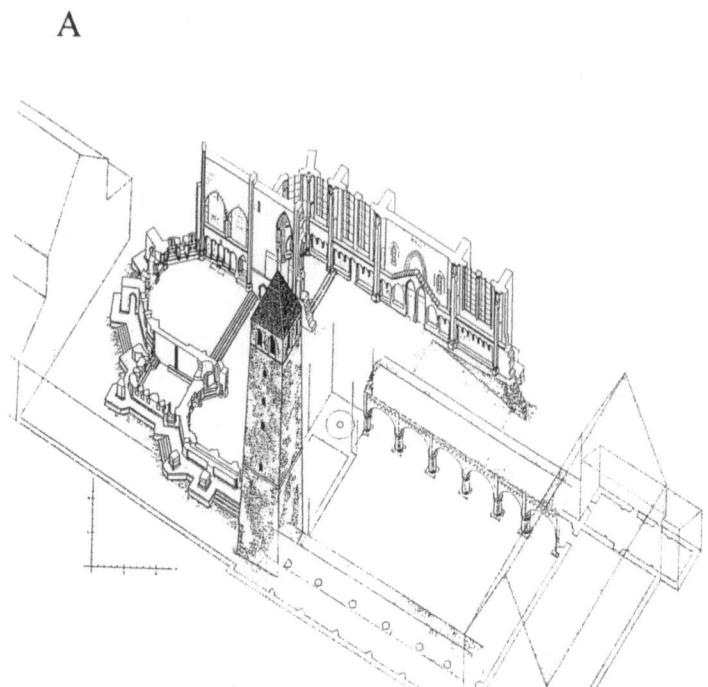

ten alten Dom und in St. Johannis weiterlaufen. Der Atriumhof bildete einen geräumigen, mit Unterstellmöglichkeiten versehenen, abgeschlossenen Bauhüttenplatz. Die Achsverschiebung ermöglichte ein Hochziehen der südlichen Aussenmauern, ohne dass das Atrium abgetragen werden musste. Zumindest der nördliche der beiden romanischen Westfassadentürme war mit seiner Spiralrampe als vertikale Baustellenerschliessung eingeplant. Diese Funktion übt er als einziges sichtbares Relikt des alten Domes noch heute für die moderne Dombauhütte aus. Eine solch vorausschauende Baustelleneinrichtung setzt eine hohe Planungskapazität voraus: Sie erfordert eine genaue Aufnahme des Bestandes, eine massstäbliche Zeichnung und die Fähigkeit zum genauen Einmessen und Abstecken des Grundrisses.

Der nächste Bauschritt betraf das Hochziehen der südlichen Aussenwand und Hauptchorwand bis auf die Höhe der Seitenschiffskapelle (Abb. 9A). Hier, der Stadt zu, wird die Dombaustelle in der Folge immer vorauseilen. Dies ist wohl kein Zufall, denn von dieser Seite wird das Bauwerk dem Bürger fassbar. Ein Chorgrundriss wie bei den französischen Kathedralen mit Umgang und Kapellenkranz lag nicht in der ursprünglichen Planungsabsicht, die wir noch zu erschliessen hoffen. Das seit langem strittige Gründungsdatum ist nicht sicher zu ermitteln, doch konnten wir etwa 8 m über Chorniveau einen Gerüstbalken aus Eiche dendrochronologisch auf ein Fälldatum von 1283/84 bestimmen. Eine zweite Holzdatierung aus einer unteren Lage des Nordchores bestätigt dieses Datum und revidiert die üblich gewordene Frühdatierung des Baubeginns in die 50er oder 60er Jahre des 13. Jahrhunderts[16]. Der bezeugte Brand von 1273 dürfte den alten Dom betroffen haben und wahrscheinlich unmittelbar Anlass zu dem gotischen Neubau gewesen sein. Im Laufe des Weiterbaus kamen häufige und entscheidende Planänderungen zum Tragen, die aber stets das schon Gebaute respektierten. Der wichtigste Wechsel betraf die Umplanung im Aufriss zu einer Kathedrale französischer Prägung. Zuvor war kein offenes Strebesystem, wahrscheinlich kein Triforium und eine weit einfachere Chorfensterlösung geplant. Auch die Detailformen der Architektur wandeln sich hin zu modernen, hochgotischen Lösungen. An der Nordquerhausfassade sollte der romanische Turm ummantelt und zu einem mächtigen, asymmetrisch im Grundriss stehenden gotischen Turm umgestaltet werden. Dieser Plan wurde aufgegeben zugunsten eines noch kühne-

Abb. 9 Regensburg, Dom, ausgewählte Bauphasen.

A Baubeginn des gotischen Doms mit Resten der romanischen Anlage, ca. 1290

B Chor, Querhaus und ein Langhausjoch, ca. 1320

C Chor, Querhaus und zwei Langhausjoche, ca. 1330

D Zustand um 1340

E Fundamente des Südturms, ca. 1350

F Südseite bis Traufe fertiggestellt, ca. 1380

C 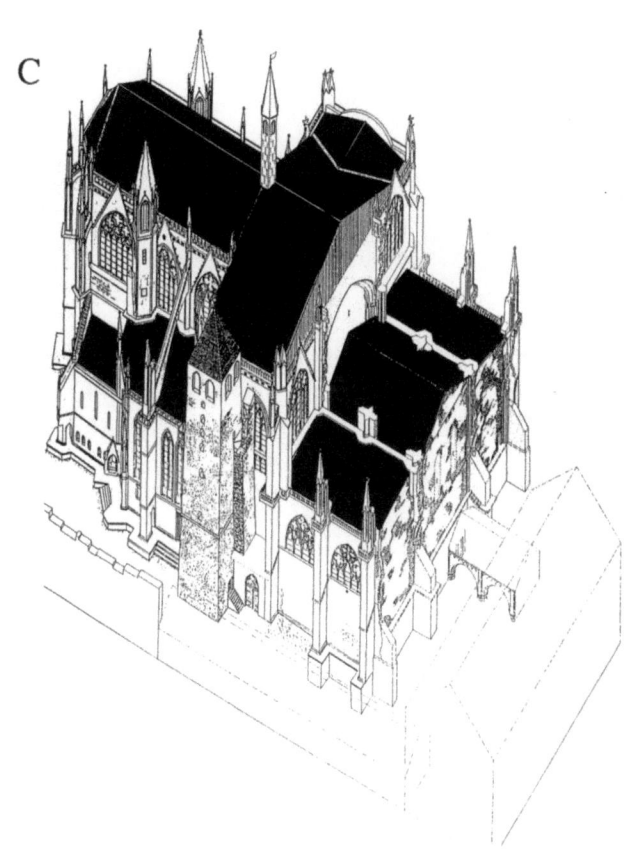 D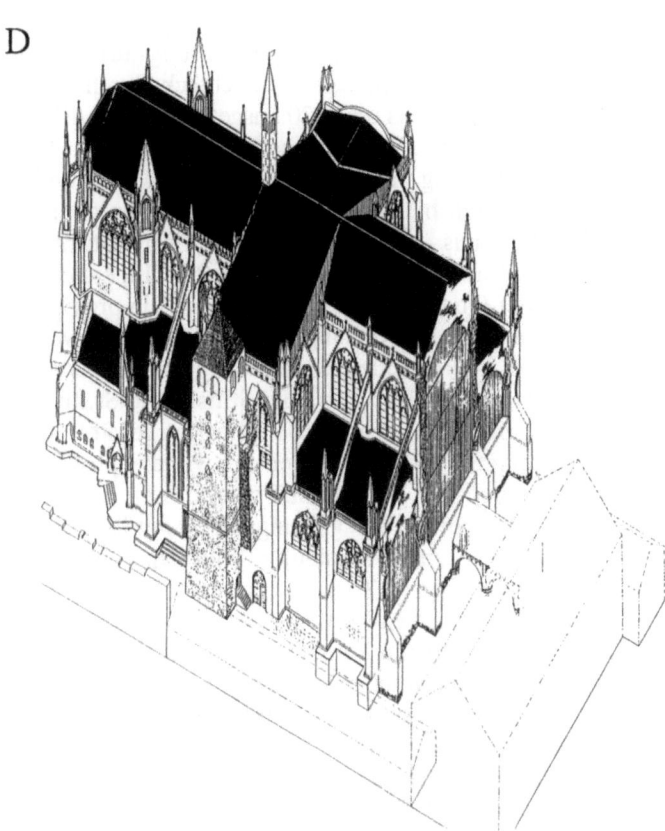

E

F

ren, der Errichtung eines mächtigen Vierungsturmes. Die Überleitung vom Quadrat der Vierung in das Turmachteck durch Trompen auf den Vierungsbögen war bereits um 1320 ausgeführt, blieb dann jedoch bis über die Baueinstellung um 1500 hinaus liegen (Abb. 10). Um 1320 konnte die liturgische Nutzung in die teilfertiggestellte Kathedrale umziehen. Zu dieser Zeit waren beide Nebenchöre, der Hauptchor, die Kapellenanbauten, das Querhaus – mit Ausnahme des Vierungsturmes – und ein Joch des Langhauses bereits fertiggestellt (Abb. 9B). Im ersten Langhausjoch fehlte allerdings der Obergaden des Mittelschiffs, ein provisorisches Dach erlaubte aber dennoch die Nutzung. Das alte Atrium war in diesem Stadium bereits auf 3 Joche reduziert, aber immer noch Arbeitsort der Bauhütte. Nach wie vor unberührt stand die Stiftskirche St. Johannis. Wie raffiniert der Bauablauf auch in technischer Hinsicht gewählt war, zeigt ein Bild auf unserer Isometrie (Abb. 10), bei der wir die provisorischen Dächer des Querhauses und des Mittelschiffs weggelassen haben. Um den Schub der Querhausgewölbe und der Vierungsbögen mit ihrer Scheitelhöhe von 32 m abzuleiten, mussten zwangsläufig Widerlager errichtet werden. Hierzu diente, in halbfertigem Zustand, das erste Langhausjoch. Die Kräfte auf die schlanken Vierungspfeiler wurden nach Westen über die «Brücke» des Triforiums in den ersten Langhauspfeiler abgeleitet. Der Pfeiler wiederum war nach den Ausgrabungsergebnissen im Westen von einer provisorischen Ummauerung erfasst und so als Strebepfeiler ausgebildet. Zusätzlich waren alle Arkadenbögen der Seitenschiffsjoche im Norden und Süden durch provisorische, hölzerne Zuganker gesichert, die später, nach vollständigem Schliessen des statischen Systems, wieder herausgesägt wurden. Das erste Joch war seinerseits in voller Breite und bis in Triforiumshöhe durch eine provisorische Mauer geschlossen, so dass für die Liturgie nach knapp 50 Jahren Bauzeit gut 60% der Grundfläche des Domes nutzbar waren.
Die nächsten Anstrengungen galten dem Weiterbau nach Westen. Zunächst wurde noch ein weiteres Joch bis einschliesslich Triforium hochgeführt (Abb. 9C), erst dann der Obergaden mit Wölbung in einem Zuge über zwei Joche errichtet (Abb. 9D). Eine provisorische Westwand über die gesamte Höhe schloss den Dom hier für fast 150 Jahre ab. Kleinste, im steingerechten Aufmass festgehaltene Indizien belegen solche Bauphasen im Idealfall Stein für Stein. In der Abbildung 9D zieht sich eine fast lückenlose Beweiskette vom Fundament, wo die Archäologen den unteren Abschnitt der provisorischen Trennmauer gefunden haben, über die Pfeiler mit verschiedenen Verankerungseisen bis ins Dach, wo noch heute Reste der provisorischen Ziegelabmauerungen vorhanden sind[17]. Der nächste Schritt bricht mit dem etappenweisen Wachsen von Ost nach West. Um 1341 wird mit der Fundamentierung und Aufmauerung des südlichen Westturms bis zur ersten Laufgangebene begonnen, ohne dass der entstehende Baukörper eine Verbindung zurück zum grossen Torso gehabt hätte (Abb. 9E). Die Exaktheit der Baustellenvermessung überrascht wieder. Der Turm entsteht unmittelbar neben der Johanniskapelle, um deren Abrissgenehmigung noch bis 1380 gefeilscht wird. Die Argumente für die vom Kirchenschiff getrennte Gründung sind auch für den heutigen Statiker nachvollziehbar. Die erhöhte Baulast bedarf einer sorgfältigeren und tieferen Gründung, die zunächst unabhängig vom übrigen Baukörper sein sollte. Im weiteren Bauverlauf wächst der Turm bis zum dritten Geschoss. Die Lücke zum schon stehenden Langhaus wird im Bauverlauf von West nach Ost geschlossen (Abb. 9F). Man baut also zurück, ablesbar an kleinen Anschlussdetails und etlichen Planungs- und Ausführungsfehlern.

Der bis hierher auszugsweise vorgestellte Bauablauf lässt bereits erkennen, dass an einer hochmittelalterlichen Grossbaustelle genaueste Vorstellungen über die Abwicklung eines solchen organisatorisch und technisch schwierigen und noch dazu über Generationen dauernden Vorhabens herrschten. Ein vergleichender Blick auf eine andere, etwa gleichzeitige Grossbaustelle überrascht aber dennoch (Abb. 11 und Abb. 9E). Um 1322 war an der Kölner Kathedrale der Chor einschliesslich aller Gewölbe

Abb. 10 Regensburg, Dom. Konstruktiver Unterbau des geplanten Vierungsturms und Schubableitung nach Westen.

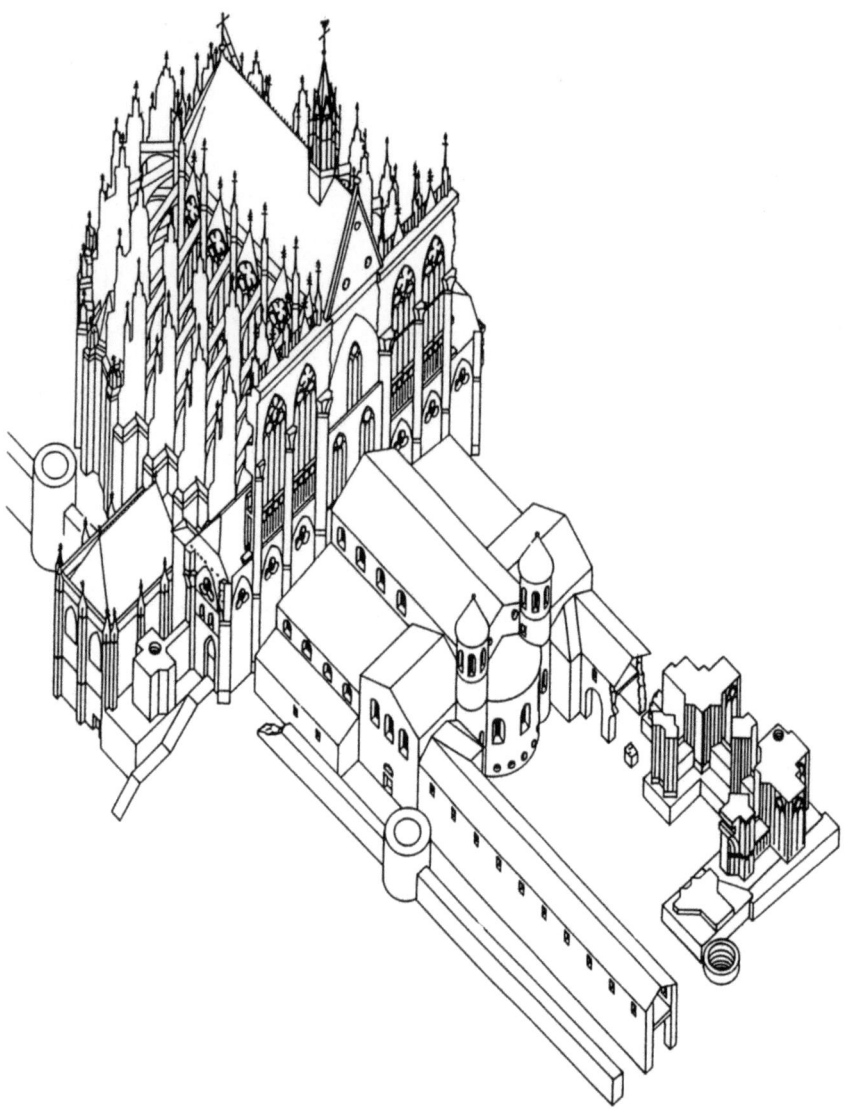

Abb. 11 Köln, Dom. Bauzustand ca. 1330.

fertiggestellt und man begann mit der Gründung des riesigen Südturms[18]. Die Übereinstimmungen des Bauablaufes mit dem in Regensburg sind erstaunlich: Der Schub des Chorbogens wird über je zwei der drei geplanten Wandfelder der Querhausostwände abgeleitet. Auch in Köln diente eine Hälfte der alten Bischofskirche als provisorischer Kultraum weiter. In diesem Falle blieb die Westhälfte westlich vor dem neuen Chor stehen. Der neue Turm wurde wie in Regensburg unabhängig von der Hauptbaumasse auf dem Gelände des romanischen Atriums errichtet. Wie bei modernen Grossbaustellen ist eine zeittypische Handschrift zu erkennen. Der Austausch des neuesten Ingenieurwissens muss im Mittelalter sehr gut funktioniert haben, die Mobilität der entscheidenden Leute sehr hoch gewesen sein.

Die Schritte eines solchen Bauablaufes sind nur am Bauwerk selbst durch Methoden einer genauen Bauforschung zu ermitteln, da zeitgenössische Quellen bildlicher und schriftlicher Art nur spärliche Auskunft geben. Mit den gleichen Methoden können wir jedoch auch Aussagen machen, die über allgemein bauhistorisch interessante Bereiche zurückführen auf die Tätigkeit eines entwerfenden und bauenden Architekten. Als Beispiel sei ein eher vernachlässigtes Gebiet der Architektur gewählt, das eingangs schon anklang: historische Dachwerke. Das Dachwerk über dem Langhaus des Regensburger Domes konnten wir dendrochronologisch auf 1442 datieren[19]. Es handelt sich um ein dreigeschossiges Kehlbalkendach mit der Gespärrefolge ABBCBBA (Abb. 12). Der Binder A ist ein in jeder Kehlbalkenebene dreifach stehender Stuhl, dessen mittlerer Stuhlständer durch

Abb. 12 Regensburg, Dom. Querschnitte des Langhausdachwerkes.

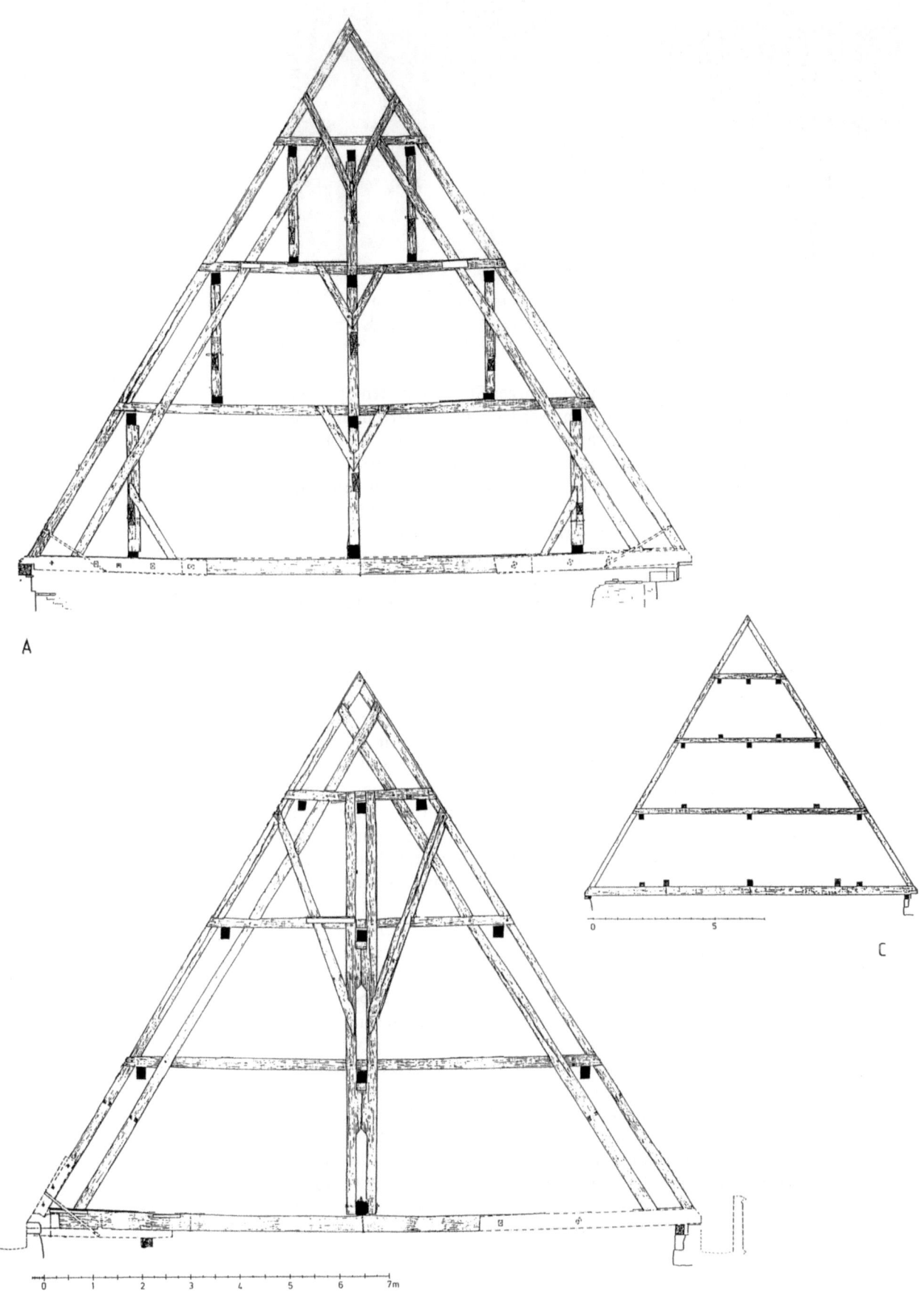

Abb. 13 Bamberg, Obere Pfarre. Rekonstruktionsmodell des Dachwerkes.

alle Ebenen hindurchläuft und oben mittels kurzer Streben an den Sparren befestigt ist. Die seitlichen Stuhlpfosten werden durch sparrenparallele Streben abgefangen. B sind die Normalgespärre ohne Binder. C ist ein Binder mit Hängewerk. Eine grosse Zangenkonstruktion umfasst Längshölzer, die die Kehlbalken unterstützen, und einen Überzug, an dem alle Zerrbalken festgemacht sind. Scheinbar sind alle statischen Funktionen klar. Die stehenden Stühle übernehmen die Längsaussteifung, die Hängesäule verhindert ein Durchbiegen der über 12 m gespannten Zerrbalken. Betrachtet man im Vergleich ein Kirchendachwerk des 14. Jahrhunderts aus Bamberg (Langhausdachwerk der Oberen Pfarre, Abb. 13) so fällt auf, dass dieses ältere Dachwerk wesentlich einfacher ausgebildet ist[20]. Alle Gespärre sind gleich konstruiert, sieht man einmal davon ab, dass jedes vierte Gespärre einen Ankerbalken besitzt, der den Schub der Gespärre auffängt. Die Binder in Regensburg sind wesentlich komplizierter; Holzersparnis dürfte trotz der beiden Leergespärre gegenüber der älteren Konstruktion kaum vorliegen. Worin mag der Vorteil liegen, wenn man von einer Entwicklung ausgeht, die mit der Verbreitung verstrebt stehender Stühle nach 1400 in Süddeutschland tatsächlich vorhanden zu sein scheint. Das Dachwerk in Bamberg – dessen Sonderfall einer in das Dachwerk einragenden Holztonne für uns in diesem Zusammenhang keine Rolle spielt – musste beim Aufrichten erst gespärreweise horizontal abgebunden und dann als Dreiecksinheit in die Senkrechte hochgekippt werden. Das alles geschah vor Ort auf dem Kirchenboden. Die Verblattung war die ideale Holzverbindung, da sie einseitig im Liegen eingepasst werden konnte. Man kann sich gut vorstellen, dass mit steigenden Spannweiten diese Methode des Aufkippens immer schwieriger, ja unmöglich wurde. Ein Riesendachwerk, etwa einer Hallenkirche, wie das grösste mir bekannte von St. Stephan in Wien mit 34 m Spannweite und 41 m Sparrenlänge (Abb. 14) wäre unmöglich in einer solchen Technik ausführbar gewesen[21]. Der stehende Stuhl in Regensburg diente als Aufstellhilfe (Abb. 15). Wie eine Fachwerkwand konnte er Stockwerk für Stockwerk übereinander errichtet werden. Die Stuhlkonstruktion steifte sich zunächst selbst, dann das ganze Dachwerk aus und war zugleich Arbeitsgerüst. Wenige geschulte Kräfte genügten, um ein solches Dachwerk aufzurichten. Bevor die grosse Masse der Sparren einfach auf die Längsrähme aufgelegt und die Kehlbalken angeblattet wurden, zog man zwischen zwei Stühlen die Hängesäulen ein, um ein Durchbiegen bei der sich vergrössernden Auflast zu verhindern (Abb. 15).

Soweit scheint das Regensburger Domdachwerk erklärt. Doch ein genauer Blick auf das verformungsgerechte Aufmass zeigt Überraschungen (Abb. 16). Das Dachwerk hat grössere Verformungen erlitten. Der mittle-

Abb. 14 Wien, St. Stephan, Langhausdachwerk (rechts) und zum Vergleich im gleichen Massstab Bamberg, Obere Pfarre (links).

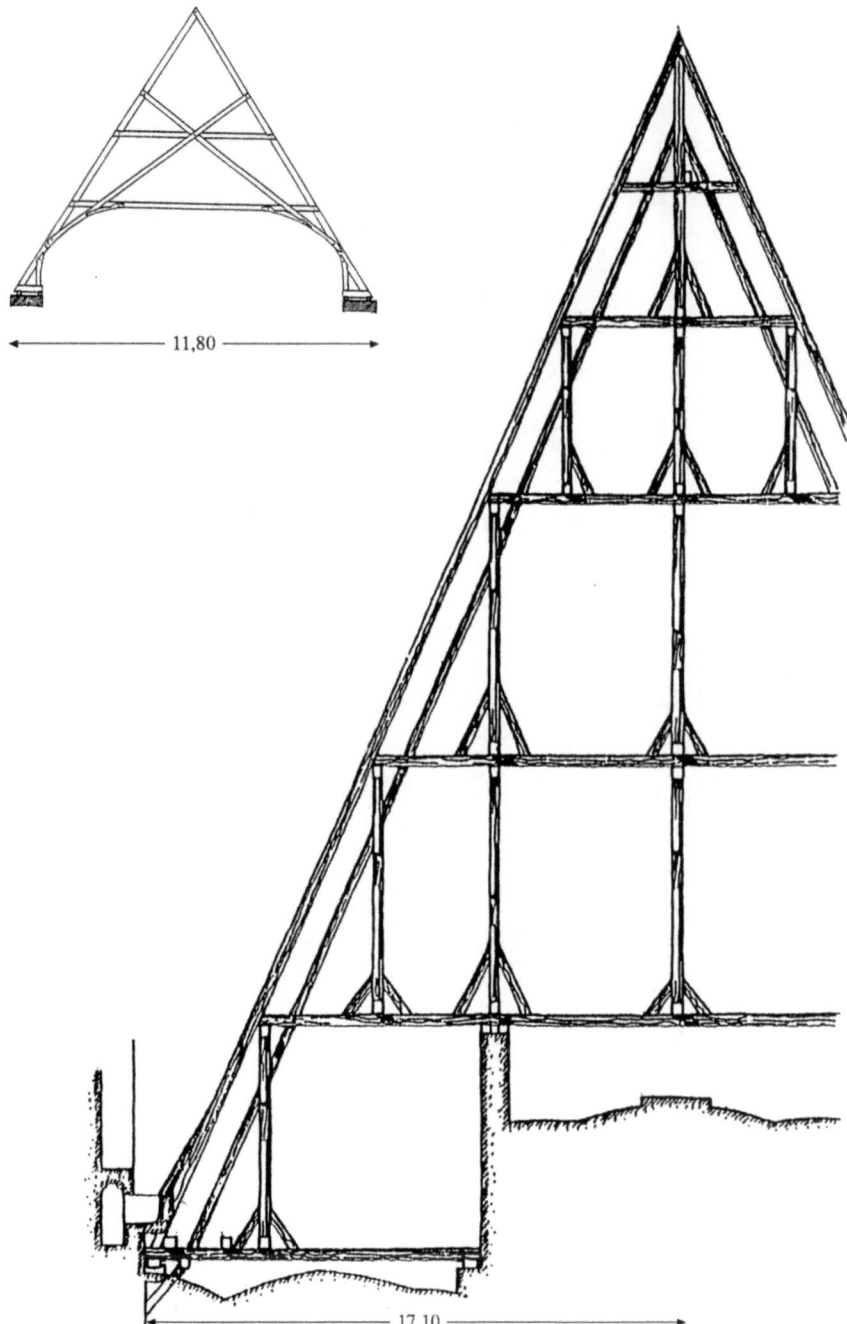

re Stuhl hat sich um über 10 cm gesetzt und vollkommen vom obersten Kehl-, dem Hahnenbalken gelöst. Die Streben der Säule sind an den Blättern unter der Belastung ausgerissen. Deutlich erscheinen die Durchbiegungen der Kehlbalken. Die Rähme der seitlichen Stuhlsäulen sind ebenfalls von den eigentlich zu stützenden Kehlgebälken gelöst, die obersten Stuhlsäulen haben sich mit den Schwellen vom Auflager abgehoben und hängen nur noch an den grossen Streben unter den Sparren. Damit ist die ursprünglich geplante Konstruktion wirkungslos, zum Teil ist sie sogar in ihr Gegenteil verkehrt. Die Längsaussteifung kann in diesem Binder nicht auf die Gespärre übertragen werden, da die Rähme keinen kraftschlüssigen Verband aufweisen. Die Stuhlsäulen, allen voran die Mittelsäule, die ursprünglich als Stützkonstruktion gedacht und somit auf Druck belastet waren, sind heute auf Zug beansprucht. Nachdem die durchgehende Mittelsäule über ein Eisenband mit dem Längsüberzug auf dem Zerrbalken verbunden ist, übernimmt sie die Aufgabe einer zusätzlichen Hängesäule. Inwieweit die mittelalterlichen Konstrukteure eine solche Kraftum-

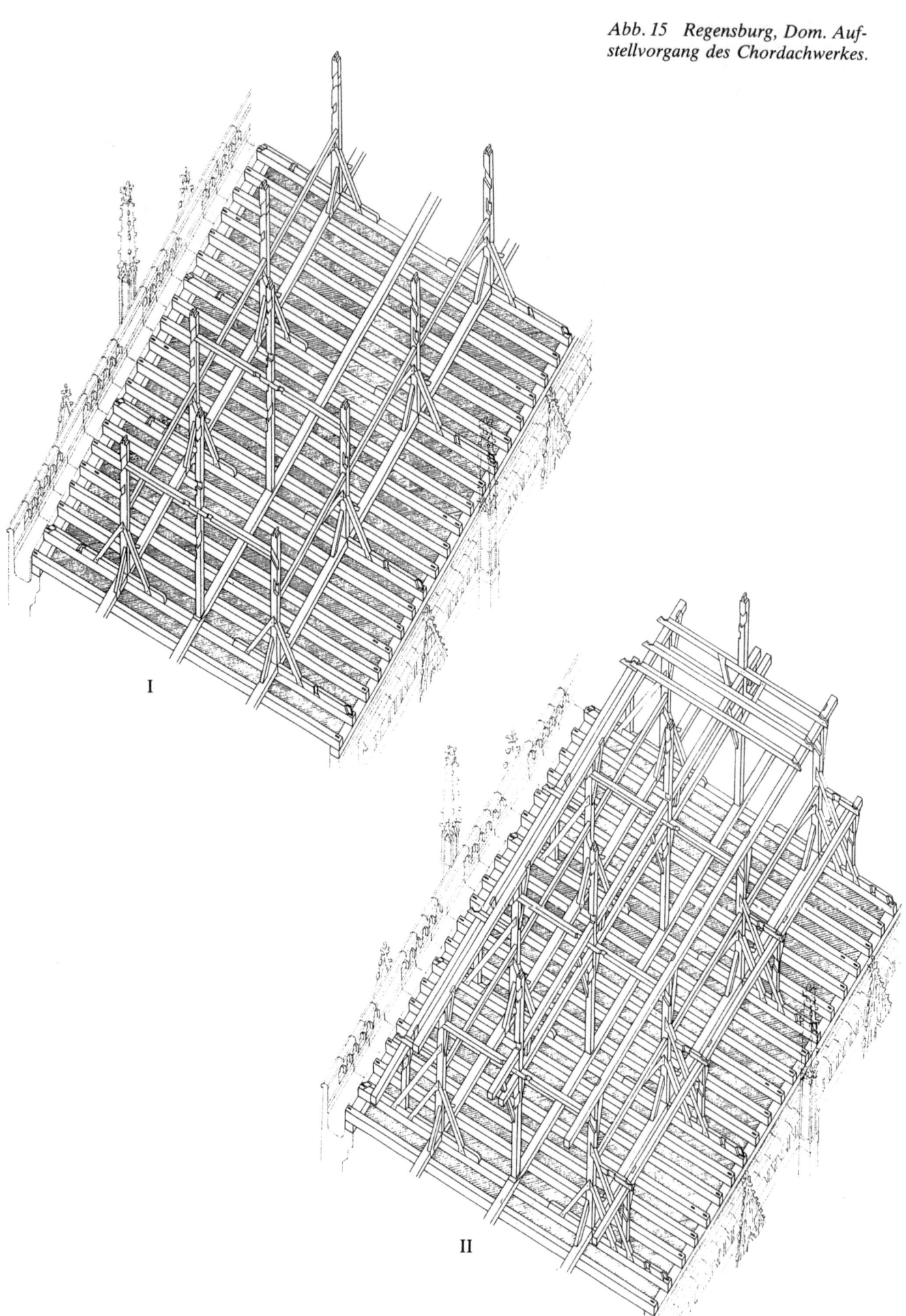

Abb. 15 Regensburg, Dom. Aufstellvorgang des Chordachwerkes.

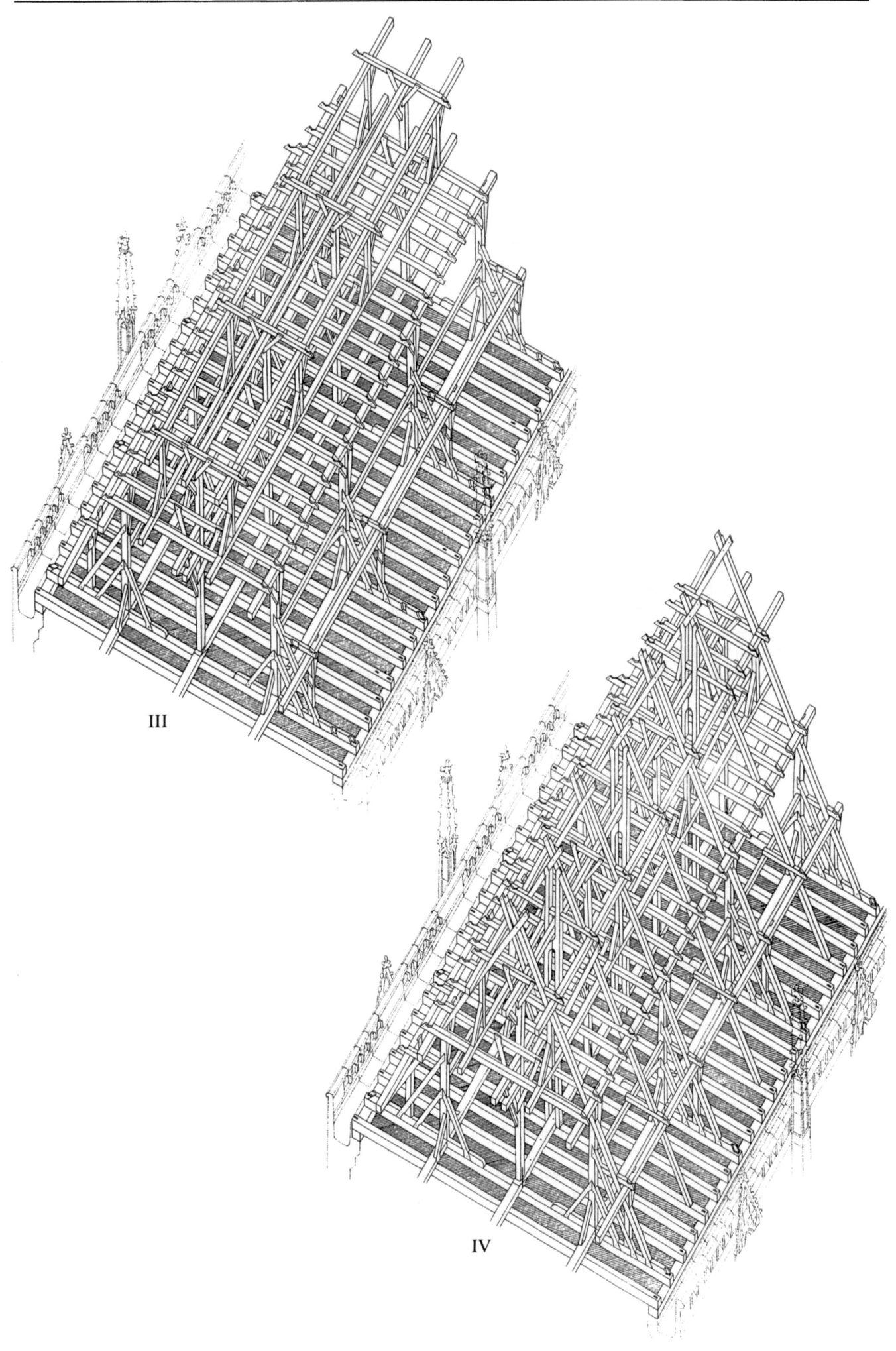

III

IV

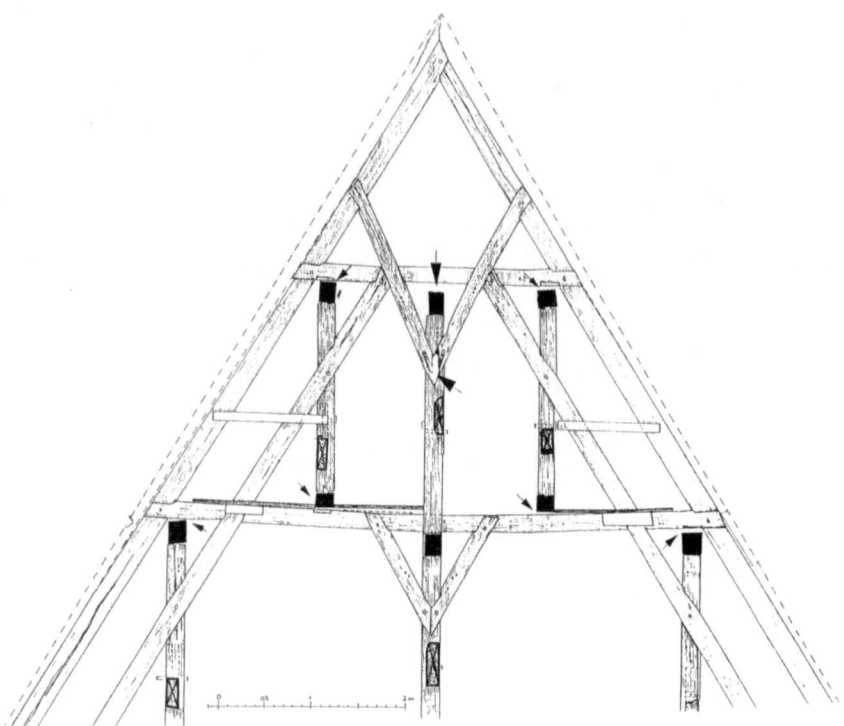

Abb. 16 Regensburg, Dom, Langhausdachwerk. Detail der Verformungen.

wandlung schon miteinberechnet haben, entzieht sich unserer Kenntnis[22]. Deutlich dürfte allerdings sein, wie entscheidend ein verformungsgerechtes Aufmass ist, um gesicherte Erkenntnisse zu gewinnen. Im Unterschied zum Schemaaufmass des Dachwerkes über dem Treppenhaus der Würzburger Residenz oder von St. Stephan in Wien (Abb. 1, 14) ist das tatsächliche Tragverhalten – aber auch das beabsichtigte – klar herauszulesen. Die scheinbar so komplizierten Dachtragwerke des Mittelalters werden verstehbar und sind damit einzuordnen. Auf der anderen Seite ist das Verstehen der alten Konstruktion und die klare Vorlage des «Krankheitsbildes» für den Statiker von allergrösster Bedeutung, falls Sanierungen anstehen.

Für die Architekten fordert der hohe Anteil von über 50% Bauen im Bestand in ganz erheblichen Ausmassen einen Umgang mit alten Konstruktionen. Sie nicht zu verstehen bedeutet sehr oft ihre Vernichtung. Eine Vernichtung, die nicht notwendig wäre, wenn die Ausbildung gerade auch an den Universitäten auf die zukünftigen Aufgaben vorbereiten würde[23]. Bauforschung kann zum Verstehen beitragen, zumindest Methoden anbieten, die zum Verständnis führen können.

Tagtäglich stehen Dachwerke zur Sanierung an. Viele unter ihnen werden trotz guten Willens «totsaniert», verstümmelt, wenn nicht ganz ausgetauscht, obwohl oft nur behutsame Massnahmen notwendig wären. Notwendig ist hierzu allerdings das Wissen über historische Dachwerkskonstruktionen und eine genaue verformungsgetreue Dokumentation mit Schadensbild. Gelungene Beispiele sind eher in der Minderzahl, eines möchte ich zum Abschluss zitieren[24].

Das Schloss Burgpreppach in Unterfranken aus dem Jahre 1726 besitzt eine für diese Zeit übliche Dachwerkskonstruktion (Abb. 17). Im Querschnitt des dreigeschossigen Kehlbalkendaches liegen zwei liegende Stuhlpaare übereinander. Eingespannt sind zwei Hängesäulen, die die Deckenbalken durch Überzüge halten sollen. Im Aufmass wird allerdings sofort ein eklatanter Baufehler erkennbar. Die Zerrbalkenlage, die den Sinn hat, die auseinanderstrebenden Sparren und liegenden Stuhlsäulen zusammenzuhalten, ist unterbrochen und kann so keinen Zugausgleich bieten. Unterbrochen ist der Zerrbalken des 18 m tiefen Gebäudes, um einen höheren Festsaal an einer Seite aufnehmen zu können. Der Fehler zeigte umgehend Folgen. Die Fusspunkte strebten auseinander, die beiden Hängesäulen

Abb. 17 Schloss Burgpreppach. Dachwerk über dem Saal, oben Bestand, unten Sicherungskonstruktion.

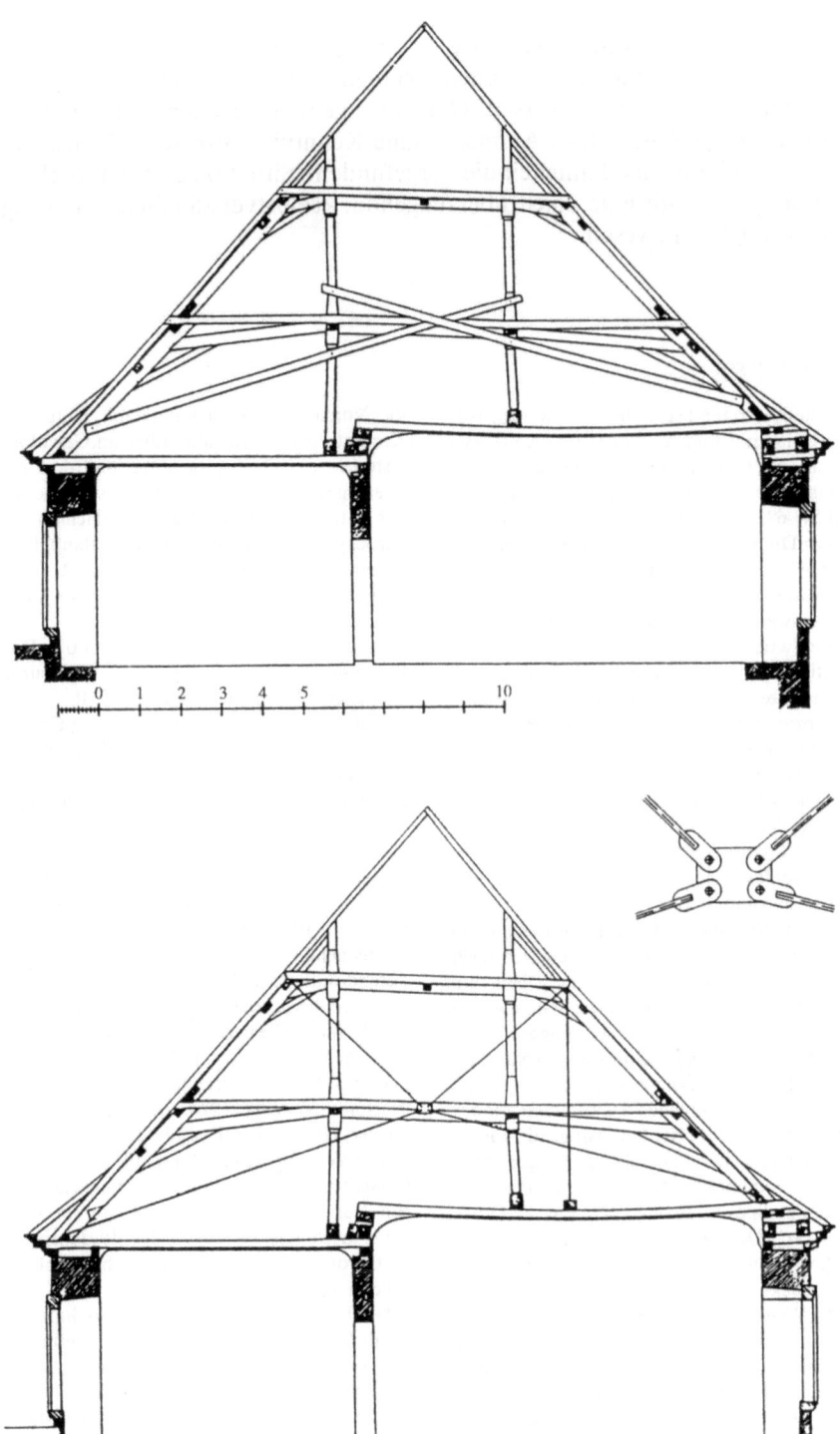

setzten sich in Umkehrung ihrer gedachten Funktion auf die Deckenbalkenlage ab, was bei der Saaldecke zu deutlichem Durchbiegen führte. Eine historische Sicherungsmassnahme versuchte über gekreuzte Schwertungen die Zugfestigkeit wieder herzustellen. Im Ansatz war dieser Versuch richtig; der schwachen Verbindung und der ungünstigen Angriffspunkte wegen konnte diese Lösung allerdings nicht wirksam werden. Die moderne Sanierung durch den Würzburger Statiker Hans Reuter greift diesen Gedanken wieder auf (Abb. 16). Unabhängige Fachwerkrahmenbinder wurden als Zwillingskonstruktion neben die alten Binder gestellt. Schlanke Rundstäbe in den Diagonalen übernehmen die Zugsicherung, die 10 m weit gespannte Saaldecke wird durch einen senkrechten Stab an einem modernen Überzug abgehängt. Der einfühlsame Sanierungsvorschlag zeigt ein sehr genaues Verstehen der alten Konstruktion. Der Schaden wird ohne grossen Aufwand zuverlässig behoben, die alte Konstruktion – auch und vielleicht gerade Fehler zeugen von dem Konstruktionsdenken unserer Vorfahren – unberührt gelassen. Ohne eine genaue Schadensanalyse durch ein verformungsgerechtes Aufmass, ohne Kenntnis historischer Konstruktionen und ohne die Fähigkeit die vorgefundene Situation entwerferisch zu bewältigen, wäre eine solch überzeugende, «selbstverständliche» Lösung nicht möglich gewesen.

Anmerkungen

[1] Stellvertretend seien hier nur wenige Werke genannt: VIOLLET-LE-DUC, EUGÈNE-EMMANUEL. Dictionnaire raisonné de l'architecture française du XIe au XVIe siècle. Paris 1854–68. – Handbuch der Architektur. II. Teil: Die Baustile, historische und technische Entwicklung. Darmstadt 1892ff., mit Autoren wie Gustav Bezold, Josef Durm, August Essenwein, Max Hasak und Otto Stiehl. – UNGEWITTER, GEORG GOTTLIEB. Lehrbuch der gotischen Konstruktionen. 3. Auflage neu bearbeitet von Karl Mohrmann. 2 Bände, Leipzig 1890–1892. – FRIEDERICH, KARL. Die Steinbearbeitung in ihrer Entwicklung vom 11. bis zum 19. Jahrhundert. Augsburg 1932. – Moderne Standardwerke wie etwa FITCHEN, JOHN. The Construction of Gothic Cathedrals. Oxford 1961 geben hauptsächlich Zusammenfassungen und Auszüge aus den oben genannten Werken.

[2] So wurden die in Anmerkung 1 genannten Werke von Ostendorf und Friederich nachgedruckt. Auch die Reprintausgaben zum Beispiel barocker Autoren wie SCHÜBLER, JOHANN JACOB. Nützliche Anweisung zur unentbehrlichen Zimmermannskunst. Nürnberg 1731 (Reprint Hannover 1982) zeigt, dass dieses Gebiet durchaus das Interesse moderner Leser findet. Als herausragende Einzelleistungen seien – unvollständig – genannt: für die romanische Zeit: HAAS, WALTER. Der Dom zu Speyer. Mainz 1972. Für die Gotik: KIMPEL, DIETER. Die Entfaltung der gotischen Baubetriebe. In: MÖBIUS, FRIEDRICH; SCHUBERT, ERNST. Architektur des Mittelalters. Weimar 1983, S. 246–272. MÜLLER, WERNER. Grundlagen gotischer Bautechnik. München 1990, als bislang vorliegendes Hauptwerk des Autors neben vielen weiteren Veröffentlichungen zur gotischen Wölbtechnik. WOLFF, ARNOLD, verschiedenste Beiträge zum Kölner Dom, insbesondere in den Kölner Domblättern. Für die Barockzeit: SACHSE, HANS-JOACHIM. Barocke Dachwerke, Decken und Gewölbe. Zur Baugeschichte und Baukonstruktion in Süddeutschland. Berlin 1975. Für die Hausforschung: BEDAL, KONRAD, aus einer Vielzahl stellvertretend: Ländliche Ständerbauten des 15.–17. Jahrhunderts in Holstein und im südlichen Schleswig. Neumünster 1977, und: Ein Bauernhaus aus dem Mittelalter. Bad Windsheim 1987. Für die Denkmalpflege: MADER, GERT. Siehe Anmerkung 23.

[3] So etwa in der Monographie über Balthasar Neumann von REUTHER, HANS. Balthasar Neumann, der mainfränkische Barockbaumeister. München 1983, S. 114 und S. 144ff.

[4] Wie Anmerkung 3. Die S. 242 von Klaus Dierks dargelegte Meinung, «unhaltbar ist die Vorstellung, man könne mit Hilfe von Kreuzstreben Horizontalkräfte an Gewölbelasten in das Dachwerk leiten und dort ins Gleichgewicht bringen», ist zwar aus heutiger statischer Sicht richtig, doch dachten die barocken Konstrukteure anders. Baubefunde zum Beispiel am Bamberger und Regensburger Dom belegen die Absicht Gewölbeschübe abzufangen.

[5] SEDLMAIER, RICHARD; PFISTER, RUDOLF. Die fürstbischöfliche Residenz zu Würzburg, München 1923. Insbesondere S. 63ff.

[6] Konstruktionsriss in der Sammlung Eckert (SE 129) des Mainfränkischen Museums zu Würzburg. Siehe hierzu: REUTHER, HANS. Balthasar Neumann, der mainfränkische Barockbaumeister. München 1983, S. 114 und S. 144ff.

[7] Siehe hierzu etwa HECHT, KONRAD. Mass und Zahl in der gotischen Baukunst. Göttingen 1969–1971. Reprint 1979, der dies beispielgebend am Freiburger Münsterturm durchdiskutiert, S. 92ff.

[8] So bei: PEROCCO, GUIDO; SALVADORI, ANTONIO. Civiltà di Venezia. O. J., S. 441ff. TRINCANATO, EGLE RENATA. Il Palazzo Ducale. In: Piazza S. Marco. L'architettura, la storia, le funzioni. Venezia 1970, S. 111ff. BASHIR-HECHT, HERMA. Die Fassade des Dogenpalastes in Venedig. Köln; Wien. 1977. FRANZOI, UMBERTO. Il Palazzo Ducale di Venezia. Architettura. Treviso 1990. Nach wie vor sind die Forschungsergebnisse des 19. Jahrhunderts von Ruskin über Lorenzi bis Paoletti zuverlässiger.

[9] Die Deutsche Forschungsgemeinschaft ermöglichte mit 1985 einen knapp zweijährigen Forschungsaufenthalt in Venedig. Seit 1987 werden die Arbeiten über mittelalterliche Palastfassaden von Bamberg aus fortgesetzt. Kleine Vorberichte aus dieser Zeit zum Dogenpalast: SCHULLER, MANFRED. Untersuchungen an venezianischen Palastfassaden. In: Bericht über die 34. Tagung für Ausgrabungswissenschaft und Bauforschung. Bonn 1988, S. 39–43. Und: SCHULLER, MANFRED. Der Dogenpalast in Venedig. In: Forschungsforum Berichte aus der Otto-Friedrich-Universität Bamberg Interdisziplinäre Siedlungs- Bau- und Kunstgeschichte. Heft 1. Bamberg 1989, S. 103–108. Sehr wichtig zum Architekten Filippo Calendario und der richtigen Datierung: WOLTERS, WOLFGANG. La Scultura Veneziana gotica 1300/1460. Venezia 1976.

[10] Zur Skulptur siehe die neuen Beiträge mit weiterführender und zusammenfassender Literatur von WOLTERS, WOLFGANG. La Scultura Veneziana gotica 1300/1460. Venezia 1976, und SUCKALE, ROBERT. Programm und Gestalt der Dogenpalastskulptur Filippo Calendarios. Überlegungen zur Adam und Eva Achse. In: Forschungsforum (wie Anmerkung 9), S. 108–117.

[11] BONI, G. I restauri del Palazzo Ducale di Venezia. In: Archivio storico dell'arte II. Venezia 1889, S. 428–30. MALVEZZI, C. D. Delle assicurazioni provvisorie del restauro generale delle due principali facciate del Palazzo Ducale di Venezia. In: Giornale del Genio Civile Venezia 1874, S. 124–136. Die Arbeiten wurden selbst nach heutigen Massstäben denkmalpflegerisch hervorragend durchgeführt. Nach Vergleich der Verwitterungszustände der ausgewechselten Originale im Magazin und den vor Ort verbliebenen Originalen (darunter allen monumentalen Skulpturen) ist zu bedauern, dass nicht auch die Skulpturen der Ecken ausgetauscht wurden. Leider ist das ursprünglich als Museum eingerichtete «Magazin» nicht mehr öffentlich zugänglich und verkommt zu einer «Abstellkammer».

[12] Der Block ist allerdings tatsächlich in drei Teile auseinandergebrochen. Historische Photographien aus der Zeit vor den Sanierungsmassnahmen (Anmerkung 11; 1875–87 unter Forcellini nach der Projektierung von Malvezzi 1873.) zeigen aber, dass ganz erhebliche Setzungen zu verzeichnen waren, die über Bleifugen allein nicht mehr aufzufangen waren.

[13] So zum Beispiel bei HUBALA, ERICH. Venedig. Stuttgart 1974 (Reclam Reiseführer Italien II), S. 40.

[14] In ihrer Art vorbildlich und bislang einzigartig bleibt die Untersuchung des romanischen Doms zu Speyer: KUBACH, HANS ERICH; HAAS, WALTER. Der Dom zu Speyer. München; Berlin 1972 (Die Kunstdenkmäler von Rheinland-Pfalz). Die sehr genau angelegten Untersuchungen von Gert Mader zum Augsburger Dom liegen noch nicht vor. Grossangelegte Monographien – willkürlich aus der Reihe herausgegriffen – wie JOHN, JAMES. Chartres. Les constructeurs. Chartres 1977, die nicht auf der Grundlage genauer Baudokumentationen arbeiten, sind üblich, können jedoch mit keinem bleibenden Aussagewert rechnen. Die Forschungen am Regensburger Dom sind, ähnlich den Ausgrabungen antiker Monumente, interdisziplinär angelegt. Die Hauptschwerpunkte liegen auf dem Bereich Kunstgeschichte unter der Leitung von Achim Hubel und Bauforschung (Manfred Schuller). Die wichtigste Vorpublikation mit Überblick über Ziele, Methoden und bisherige Ergebnisse ist der Katalog zur Ausstellung: Der Dom zu Regensburg. Ausgrabung, Restaurierung, Forschung.

München; Zürich 1990³. Dort auch die Literatur über den Dom.
[15] Hierzu: SCHNIERINGER, KARL. Die Ausgrabungen im Regensburger Dom. In: Der Dom zu Regensburg. Ausgrabung, Restaurierung, Forschung. München; Zürich 1990³, S. 88–90 und: Die Ausgrabungen vor dem Einbau einer Bischofsgruft im Regensburger Dom. In: Jahrbuch der Bayerischen Denkmalpflege 40, 1986, S. 169–183.
[16] So zum Beispiel noch in der 5. Auflage des Schnell & Steiner-Führers HUBEL, ACHIM. Der Dom zu Regensburg. München; Zürich 1987, S. 6 und in HUBEL, ACHIM; CODREANU, SILVIA. Die Ausgrabungen im Regensburger Dom. Ein Zwischenbericht. In: Regensburger Almanach 1985, S. 141.
[17] Wie Anmerkung 15.
[18] WOLFF, ARNOLD. Der gotische Dom in Köln. Köln 1986, S. 15/16.
[19] BARBARA FISCHER hat die mittelalterlichen Dachwerke in einer Magisterarbeit mustergültig bearbeitet. (Studien zum Dachwerk des Regensburger Domes. Masch. geschr. Bamberg 1988). Damals gelang noch keine dendrochronologische Datierung, so dass die Datierungsvorschläge von Barbara Fischer und mir (im Domkatalog (wie Anmerkung 14), S. 215 ff.) um ca. 50 Jahre falsch lagen. Erst ein zweiter Anlauf mit möglichst vielen Bohrungen für eine bessere statistische Auswahl gelang, so dass Veronika Siebenlist-Kerner sowohl das Chordachwerk (Fälldatum 1449) wie das Langhausdachwerk (Fälldatum 1442) sicher datieren konnte. Auf dieses neue Material unseres Forschungsprojektes aufbauend, konnte Barbara Fischer in ihrer Dissertation über die Dachwerke Regensburger Grosskirchen völlig neue Datierungen auch für die Bauwerke selbst vorschlagen.
[20] GOLLER, HILMAR; MAI, BRIGITTE. Bauuntersuchung und Dokumentation des Langhausdachwerkes der Oberen Pfarre zu Bamberg. Masch. geschr. Abschlussarbeit für das Aufbaustudium Denkmalpflege an der Universität Bamberg 1988.

[21] Das Dachwerk ist in den letzten Tagen des 2. Weltkrieges abgebrannt. Der Querschnitt bei: OSTENDORF, FRIEDRICH. Die Geschichte des Dachwerks. Leipzig; Berlin 1908, S. 64.
[22] Der aufwendig aus einem durchgehenden Pfosten bestehende Mittelständer mag darauf hindeuten, da er für einen normal stehenden Stuhl eher hinderlich ist.
[23] Hierzu grundlegend: MADER, GERT TH. Aus- und Fortbildung von Architekten für Aufgaben in der Denkmalpflege. In: Das Baudenkmal in der Hand des Architekten. Umgang mit historischer Bausubstanz. Bonn 1988 (Schriftenreihe des Deutschen Nationalkomitees für Denkmalschutz, 37), S. 57–69, insbesondere S. 67 ff.
Gert Mader hat eine ganze Reihe grundlegender Beiträge zur Bauforschung in der Denkmalpflege veröffentlicht, zum Beispiel: MADER, GERT TH. Angewandte Bauforschung als Planungshilfe bei der Denkmalinstandsetzung. In: Erfassen und Dokumentieren. Bonn 1982 (Schriftenreihe des Deutschen Nationalkomitees für Denkmalschutz, 16), S. 37–53. – Die Praxis des Umgangs mit Baudenkmälern und ihrer Ausstattung. In: Das Baudenkmal und seine Ausstattung. Substanzerhaltung in der Denkmalpflege. Bonn 1986 (Schriftenreihe des Deutschen Nationalkomitees für Denkmalschutz, 31), S. 39–59. – Angewandte historische Bauforschung bei Massnahmen nach Städtebauförderungsgesetz. In: Jahrbuch der Bayerischen Denkmalpflege 31, 1977, S. 151–164. – (zusammen mit RAMISCH, HANS) Zur Untersuchung von Park- und Gartenarchitektur von Schloss Seehof. In: Jahrbuch der Bayerischen Denkmalpflege 32, 1978, S. 159–165. – Bauaufnahme als Forschungsmethode und Bestandsdokumentation des Denkmalpflegers. In: Arbeitshefte des Sonderforschungsbereiches 315 «Erhalten historisch bedeutsamer Bauwerke» Universität Karlsruhe 1987, Nr. 7, S. 44–70. – Bauuntersuchung historischer Holzkonstruktionen. In: Arbeitshefte des Sonderforschungsbereiches 315 «Erhalten historisch bedeutsamer Bauwerke» Universität Karlsruhe 1988, Nr. 8, S. 36–57.
Karlsruhe ist bislang der einzige Universitätsstandort, wo Bauforschung, Denkmalpflege und ihre interdisziplinäre Verflechtung mit Ingenieurfächern wissenschaftlich erarbeitet werden. Siehe hierzu die gesamte Reihe der Arbeitshefte ... und Jahrbücher des Sonderforschungsbereiches 315 «Erhalten historisch bedeutsamer Bauwerke» Universität Karlsruhe.
Zur Ausbildung: SCHIRMER, WULF. Bauforschung an den Instituten für Baugeschichte der Technischen Hochschulen. In: Cramer, Johannes (Hrsg.). Bauforschung und Denkmalpflege. Stuttgart 1987, S. 25–29. An der Universität Bamberg ist durch meine Professur «Bauforschung und Baugeschichte» die Bauforschung seit 1986 in einem Postgraduiertenstudium «Aufbaustudium Denkmalpflege» vertreten. Ähnlich – nur als Vollstudium – der Studiengang in Denkmalpflege in Thorn (Polen), wo Architekten und Kunsthistoriker gemeinsam Denkmalpfleger ausbilden.
[24] REUTER, HANS. Zur statischen Sicherung historischer Dachwerke. In: Arbeitshefte des Sonderforschungsbereiches 315 «Erhalten historisch bedeutsamer Bauwerke» Universität Karlsruhe 1989, Nr. 9, S. 97–112, hier S. 111 f.

Abbildungsnachweis

1: SEDLMAIER; PFISTER, wie Anmerkung 5, Abb. 69. – 2: Würzburg Mainfränkisches Museum. – 3: Osvaldo Böhm, Venedig. – 11: WOLFF, wie Anmerkung 18, Abb. 15. – 13: Hilmar Goller. – 14: betr. Wien Ostendorf, wie Anmerkung 21, Abb. 125. – 16: REUTER, wie Anmerkung 24, Abb. 29, 30. – Alle übrigen Abbildungen: Bauforschung und Baugeschichte, Universität Bamberg.

Klaus Bingenheimer
und Emil Hädler

Bauforschung als Grundlage für Bauplanung und Entwurf – eine Herausforderung an die Kreativität?

Der vorliegende Text ist nicht als wissenschaftlicher Beitrag konzipiert, sondern ein sehr subjektiver Bericht über unsere Einstellung als Architekten, auf dem Arbeitsgebiet der Bauforschung, des Entwerfens und des Konstruierens immer wieder von neuem Wege zur schonenden Erhaltung und Instandsetzung der uns anvertrauten historischen Bauwerke zu suchen oder für andere aufzuzeigen.

Als Ausgangspunkt unseres Textbeitrags wollen wir die Feststellung von Gert Th. Mader zitieren[1], dass «die Vorstellung einiger durchdachter, denkmalpflegerisch erfolgreicher Sicherungslösungen (...) nicht darüber hinwegtäuschen (darf), dass wir auf diesem Gebiet Anfänger sind, die wichtigere, häufig vorkommende Situationen noch überhaupt nicht bewältigen».

Diese Feststellung Maders stellt an die Kompetenz desjenigen, der in professioneller Form an ein Baudenkmal Hand anlegt, zwei Fragen:

1. Wieviel wissen wir wirklich über ein historisches Gebäude, und wieviel können wir jemals darüber erfahren?
2. Wie kann dieses Stadium des permanenten «Anfängertums» überwunden werden?

Mit diesen beiden Fragen setzt sich unser vorliegender Beitrag auseinander.

Oft scheint in Auseinandersetzungen über «die einzig richtigen Antworten» die fachliche Kompetenz dem jeweiligen Gegenüber – Architekt, Handwerker oder Denkmalpfleger, ganz besonders dem Bauherrn – zu fehlen. Wer «mehr weiss», hat nach gebräuchlicher Auffassung «mehr Recht». Wer zugibt, nichts zu wissen, hat sich selbst als inkompetent denunziert. Die Vorstellung von Kompetenz wird so reduziert auf die Fähigkeit, möglichst schnell möglichst viel Wissen in gültige Antworten zu transformieren.

Als Ausdruck dieser kaum hinterfragten Haltung hat sich eine verkürzte Vorstellung von Kreativität eingeschlichen, die allgemein konsensfähig zu sein scheint. Sie drückt sich etwa in den folgenden beiden Behauptungs-«komplexen» aus:

1. Arbeit am Baudenkmal gilt nur dann als zulässig, wenn sie deduktiv, analytisch, wissenschaftlich ist.
   Die Summe allen erforschten Wissens über ein Bauwerk führt nach der Ausscheidung von Irrtümern allmählich zur denkmalverträglichen, richtigen Instandsetzungskonzeption.
   Pannen und das Unbeantwortetlassen von Fragen sind Ausdruck von mangelnder fachlicher Kompetenz.
   Wer an historischer Bausubstanz arbeitet, darf sich nicht durch eigentlich «chaotische» Prinzipien wie Intuition, Affinität, ästhetisches Empfinden, Erfindungsgabe etc. leiten lassen.
   Es gilt, spezielle Probleme zu erkennen und richtige Lösungen zu finden.
   Derjenige gilt als erfahren, der über eine grosse Anzahl erprobter Rezepturen und Methoden verfügt.
2. Die Arbeit am Baudenkmal schränkt die schöpferische Kraft des Architekten ein, denn sie ist deduktiv, analytisch, also bestenfalls wissenschaftlich.
   Wahre Kreativität (des Architekten) bei der Arbeit am historischen Bauwerk ist nur möglich, wenn historische Substanz als Verfügungsmasse für neue Ideen und den Selbstausdruck des Architekten sowie des

aktuellen Zeitgeistes dient, um zeitgemäss Neues hinzuzufügen.
«Die bewusste Veränderung erscheint geradezu als geboten, um dem Gebäude Geschichtlichkeit zuteil werden zu lassen.»[2]
Grosse Baumeister haben das immer schon so gemacht, nur deshalb konnten Bauten entstehen, die wir heute als Denkmale wertschätzen.
Die in dieser Polarisierung widerhallende Diskussion könnte nicht deutlicher zum Ausdruck kommen als in den «Sechs Thesen zum Umgang mit historischer Bausubstanz», vorgelegt vom BDA Berlin 1988[2], in denen die BDA-Architektenschaft auf ihre Weise die Sprachverwirrung zwischen Denkmalpflegern und Architekten darstellt.

Statt einer Polarisierung bieten wir einen nicht begrenzten Kreativitätsbegriff an, eine Kreativität ohne Einschränkungen, die jenseits «schon immer gewusster Lösungen»
– Fragen stellt und unbeantwortete Fragen erträgt,
– präzise zwischen Suggestivfragen und wirklich offenen Fragen unterscheidet,
– bereit ist, Antworten (vor allem den eigenen) zu misstrauen,
– Antworten nicht als das Ende von Fragen versteht,
– Widersprüche akzeptiert und bestehen lässt,
– unvermeidlichen Pannen schöpferisch und intuitiv begegnet, und
– das Potential eines interdisziplinären Teams voll ausspielt.
Unsere zentrale These zum Thema lautet deshalb:
Die Arbeit am Kulturdenkmal fordert den kreativen Dilettanten, der sich das gesamte verfügbare Wissen erschliesst, sich seiner bedient und weiss, dass er letztlich nichts weiss. Dieses Stadium der Erkenntnis ist Ausdruck hoher fachlicher und kreativer Kompetenz und muss immer wieder neu hergestellt werden.
Natürlich ist dieser «kritische Dilettantismus» nicht mit der Vernachlässigung von Sorgfaltspflichten oder Unverantwortlichkeit zu verwechseln, und der Begriff des Dilettanten sollte verstanden werden im Sinne von «Liebhaber der schönen Dinge», der den Objekten seines Interesses mehr verpflichtet ist als seinen eigenen Meinungen, Neigungen und Wünschen.

«Bauforschung» wird in der Regel betrieben, um im komplexen historischen Baubestand den Bereich des «Nicht-Wissens» zugunsten des «Wissens» zu verkleinern.
Um in der Flut der Erkenntnisse nicht unterzugehen, werden brauchbare Systeme der Informationsverarbeitung ständig weiterentwickelt und verfeinert mit dem Ziel, unter Abwägung aller Interessen zu einer substanzschonenden Instandsetzungskonzeption zu finden.
Geräte werden erfunden, Messverfahren erprobt, naturwissenschaftliche Methoden in die Untersuchungen eingebunden, Bestandserfassungssysteme durch EDV-Einsatz so optimiert, dass die direkte Verbindung zur Bauvorbereitung und -ausführung gewährleistet ist.
Tagungen finden statt mit dem Ziel, den Austausch erfolgversprechender Methoden und Erfahrungen zu fördern und die Einsatzmöglichkeiten neuer Techniken bekannt zu machen.
All das geschieht also, um zweifelhafte «Intuition» durch gesicherte Erkenntnis zu ersetzen.
Die Untersuchung von annähernd 200 Bauwerken hat uns gelehrt, dass mit zunehmendem Wissen über ein Gebäude die Ahnung davon, was uns noch verborgen geblieben ist und sich vielleicht nie wird entschlüsseln lassen, eher zu- als abnimmt.
Diese Grunderfahrung kann zur Erläuterung in ein grafisches Bild übersetzt werden (Abb. 1).
Man kennt erfolgversprechende Verfahren, die uns zu Beginn einer Gebäudeuntersuchung relativ rasch einen gewissen Kenntnisstand über die besondere Problemlage eines Bauwerks vermitteln. Es fällt meist nicht schwer, sich in diesem Stadium als kompetenten Fachmann, als «Experten» auszuweisen.

Abb. 1 Wissen – Nicht-Wissen – Nicht wissen, dass ich nicht weiss.

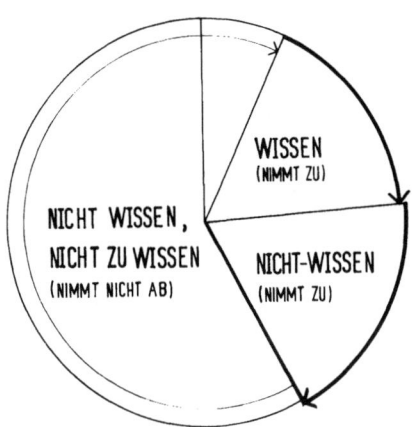

*Abb. 2 Wissen nimmt zu
Nicht-Wissen nimmt nicht ab
Nicht-Wissen-dass-ich-nicht-weiss
nimmt nicht ab.*

Hinter diesen Kenntnissen steht jedoch ein Wissen über offene Fragen, auf die wir noch keine Antworten haben.

Selbstverständlich werden wir bestrebt sein, diese Informationslücken zu schliessen. Unsere grundlegende Erfahrung liegt aber gerade darin, dass sich im Laufe von Instandsetzungsprojekten diejenigen verborgenen Informationen in den Vordergrund schieben, von denen wir selbst nach gründlichen Recherchen noch nicht einmal wussten, dass wir sie nicht kennen. Je erfolgreicher wir uns durch Gebäudeuntersuchungen aus dem Bereich des «Nicht-Wissens» Kenntnisse aneignen, umso weiter dringen wir in den Bereich dessen vor, *wovon wir noch gar nicht wussten, dass wir es nicht wussten.*

Bedauerlicherweise ist dieser Bereich unerschöpflich – auch dann, wenn wir bereit wären, im Sinne einer totalen Bauwerkserforschung die völlige Demontage unseres Untersuchungsobjekts in Kauf zu nehmen.

In eine ebenso griffige wie paradoxe Formulierung gebracht bedeutet dies (Abb. 2):

Je mehr wir wissen, desto weniger wissen wir, und es ist ein Ausdruck von Kompetenz, diesen Zustand von Nicht-Wissen möglichst umfassend und bewusst zu erreichen.

Die Gefahr für ein Baudenkmal, an das der Denkmalpfleger, Handwerker, Architekt oder Ingenieur Hand anlegt, lauert nicht im Bereich des Nicht-Wissens: Wer sich als Fachkraft darüber im Klaren ist, dass gewisse Kenntnisse, Fähigkeiten, Erfahrungen oder Informationen gegenwärtig nicht vorhanden sind, kann sich – bei entsprechendem Verantwortungsbewusstsein – vorsichtig verhalten.

Der oft zitierte Installationsschlitz durch die unter Tapeten verborgene gotische Malerei wird erst möglich, weil Planer und Handwerker statt der Frage: «Wissen wir, wie und wo man in diesem Gebäude Leitungen am besten verlegt?» bereits eine fertige Antwort mitbrachten: «Leitungen gehören unter Putz, sind auf dem kürzesten Wege zu verlegen, und es macht keinen Unterschied, ob man es mit neuen oder alten Wandoberflächen zu tun hat.»

Gefahr für ein Baudenkmal geht also eher aus von dem bereits mit Sicherheit Gewussten – sei es, dass dieses Bekannte das Ergebnis einer objektbezogenen Gebäudeuntersuchung ist oder als Erfahrung aus anderen, scheinbar ähnlich gelagerten Fällen auf eine spezielle Situation übertragen werden soll.

Jedem in der Bauforschung Tätigen ist der verführerische Sog überinterpretierter Einzelinformationen bekannt, die sich wie ein Schlagschatten auf andere, nicht ins Konzept passende Erkenntnisse legen. Die Quelle gravierender Fehleinschätzungen liegt in der Attraktivität schlüssiger Beweisketten.

Als Notbremse für solche sich verselbständigenden Prozesse wurde das denkmalpflegerische Postulat der «Reversibilität von Massnahmen» aufgestellt, das sich in der Praxis jedoch nur selten durchhalten lässt.

Essentiell ist dabei allerdings die Erkenntnis, dass «der Mensch irrt, solang' er strebt».

Die Anwendung einer konsensfähigen Formel wie «Reversibilität von denkmalpflegerischen Massnahmen» bietet für sich allein nur sehr unbefriedigende Sicherheitsreserven, weil sie den vielen Patentrezepten noch ein weiteres hinzufügt. Doch in den meisten Fällen steht Besseres nicht zur Verfügung, wenn vermieden werden soll, dass die Erkenntnis, «Irren ist menschlich» auch wieder zur rechthaberischen Position «alles ist erlaubt, es ist ja sowieso falsch» verkommt[2].

Entscheidend für den im Kern kreativen Akt bei der Arbeit am Kulturdenkmal bleibt der Bereich des letztlich nicht Zugänglichen. Hier treten interessante Fragen auf, die jeder befugt Handelnde für sich sehr persönlich beantworten muss:

– Wer bin ich als der, der einer 600 Jahre alten Burg ein Kapitel seiner Geschichte hinzufügt?

- Mit welchem Selbstverständnis greife ich in einen 300 Jahre alten Dachstuhl ein, der mir als «Patient» anvertraut wird?
- Wie gültig ist meine eigene Einschätzung einer Situation angesichts der Einschätzungen von 100 Generationen vor mir (mit ihren jeweils sehr spezifischen, zeit- und kulturgeschichtlich bedingten Interpretationen) und einer Reihe von Generationen nach mir?

Ein Chirurg, der zum Schnitt ansetzt, steht mit seinen Entscheidungen sehr allein, buchstäblich vor dem Nichts. Er mag alle erforderlichen Analysen durchgeführt haben, und es würde ihm zu Recht niemand verzeihen, wenn er hier nicht sorgfältig vorgegangen wäre. Die Entscheidung, Hand anzulegen, ist dagegen bedingungslos und nicht gesichert. In diesem Moment liegt wirkliche Kreativität vor, und zwar in jedem Moment solcher Entscheidungen immer wieder neu.

Diese Situationen bedingungsloser Herausforderung von Kreativität kennen alle, die sich mit komplexen historischen Bauten von Berufs wegen befassen:

- der Denkmalpfleger, wenn er seine Bewertung im Einzelfall abgibt,
- der Restaurator, wenn er vor der weiss gekalkten Wand Art und Umfang einer Befundsondage festlegt,
- der Bauphysiker, wenn er entscheidet, an welcher Stelle er seine Mörtel- oder Gesteinsprobe entnimmt,
- der Bauvermesser, wenn er sein geodätisches Messnetz über ein Bauwerk legt,
- der Ingenieur, wenn er sich für eine ganz bestimmte Sicherungskonstruktion entscheidet,
- der Architekt, wenn er eine vom Bauherrn gewünschte Nutzungsabsicht in Kenntnis aller Randbedingungen einem Kulturdenkmal zumutet.

Die immer wieder gehörte Feststellung, dass wir historische Bauten von den vorangegangenen Generationen übernehmen, um sie verantwortlich an die nach uns folgenden weiterzugeben, illustriert, dass wir mit unserem Tun an einem Prozess teilhaben, dessen Anfang wir nicht festgelegt haben und dessen Ende wir nicht erleben werden.

In dieser Spanne handeln wir wie alle Generationen vor uns so gut wir können – mit den uns zur Verfügung stehenden Mitteln, die vielleicht heute richtig sind, aber morgen vielleicht schon nicht mehr.

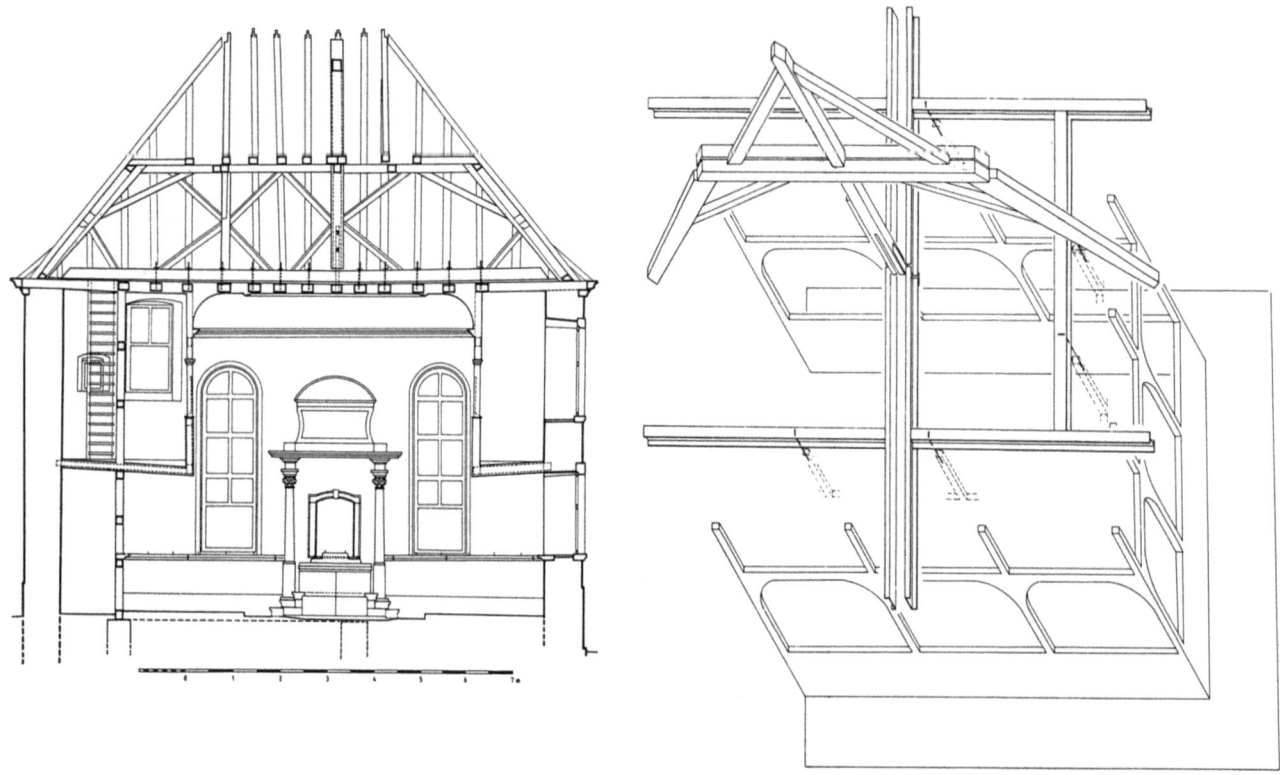

Abb. 3 Urspringen, Synagoge. Verstärkung der Emporenaufhängung. Konzeptentwicklung: Bingenheimer + Hädler mit Hans Reuter.

Einige Ergebnisse der Bauforschung weisen uns auf Irrtümer und Fehleinschätzungen hin, die vor unserer Zeit verursacht wurden. Bauforschung deckt immer wieder gravierende Mängel auf, die einem Bauwerk aus Unkenntnis angetan wurden. Doch berechtigt uns nichts zu der Annahme, wir könnten es besser und würden bestimmte Fehler nicht mehr machen – wir machen andere.

Die Arbeit am Kulturdenkmal ist eine *Herausforderung an die Kreativität* insofern, als wir durch den Prozess der Erforschung eines historischen Gebäudes erfahren, dass nichts, was einmal als gültig erschien, gültig bleibt.
Kreativität lebt ihrem Wesen nach im Prozesshaften, sie findet wieder und wieder neu ihren Niederschlag im Er-Finden und Verwerfen von Lösungen.
Es sind nicht die fertigen Lösungen, die uns zeigen, wo und wie ein einzelner Mensch im ursprünglichen Sinn des Wortes kreativ in einen geschichtlichen Vorgang eingegriffen hat.
Die eleganten Konstruktionen, die die Ingenieure Reuter und Mittnacht (Würzburg) in historische Bauten zu deren Sicherung einfädeln[3], faszinieren deshalb, weil sie das Ringen um die Lösung in ihrer unprätentiösen Selbstverständlichkeit erlebbar werden lassen.
Dabei ist es nicht die eine oder andere «gute Idee», die diese Konstruktionen unverwechselbar macht, sondern eine dahinter spürbare Haltung im Umgang mit der gestellten Aufgabe: Lösungen dieser Qualität fallen nicht als Ergebnis gründlicher Bauforschung zwangsläufig am Ende des Prozesses ab, sie sind Ausdruck eines originär schöpferischen Vorgangs, des Konstruierens.
Nicht zufällig ist die hier gezeigte Lösung in einem «interdisziplinären Team» aus Architekt und Tragwerksplaner entstanden (Abb. 3). Wir sehen in dem Zusammenschalten verschiedener Fachdisziplinen bei vorbereitenden Untersuchungen und Planungen im Altbaubestand ein grosses kreatives Potential, weil jeder Fachmann spezifisch wahrnimmt und spezifische Fragen stellt.
Welche überraschenden Erkenntnisse und Ergebnisse beispielsweise die Einbeziehung von Mittelalter-Archäologen, Kunsthistorikern, Dendro-Chronologen, Restauratoren und Tragwerksanalytikern in eine Bauuntersuchung zutage fördern kann, gilt als allgemein bekannt. Noch nicht so selbstverständlich ist es, den Kreis der Sonderfachleute bei Bedarf um einige Naturwissenschaftler wie Geologen, Hydrogeologen, Bodenmechaniker, Bauphysiker, Bauchemiker oder Spezialisten für Reflexionsmessungen zur Hohlraumbestimmung (und andere) zu erweitern.

Abb. 4 Frankfurt a. M./Bonames, Schmidt'sches Haus (heute Haus Metzler). Postkarte nach einem anonymen Gemälde von 1850. (Frankfurt am Main, Stadtarchiv).

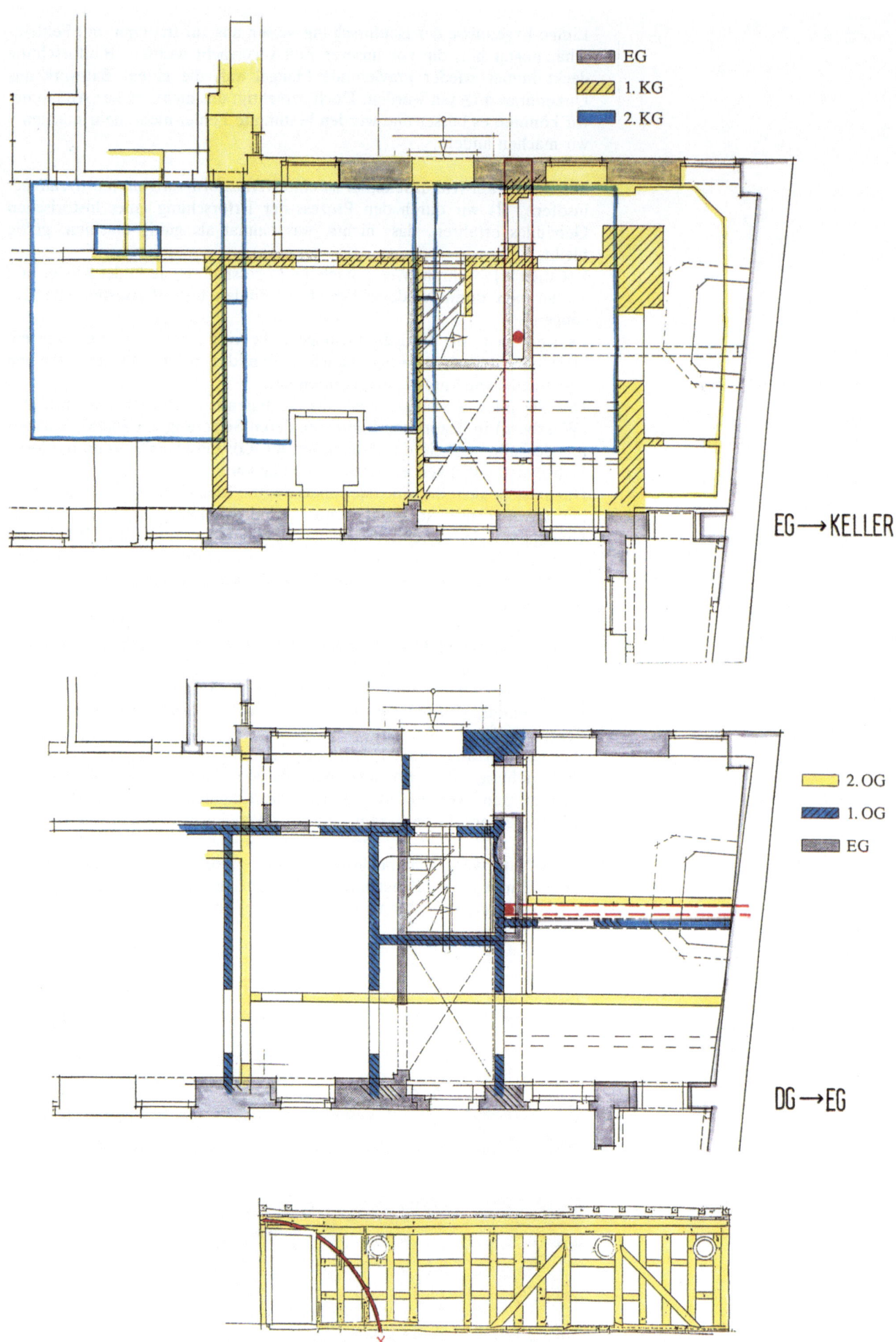

Abb. 5 Frankfurt a. M./Bonames, Haus Metzler, Seitenflügel. Lastabtragungsplan.

Abb. 6 Frankfurt a. M./Bonames, Haus Metzler, Seitenflügel. Grundrisslösung Vorentwurf.

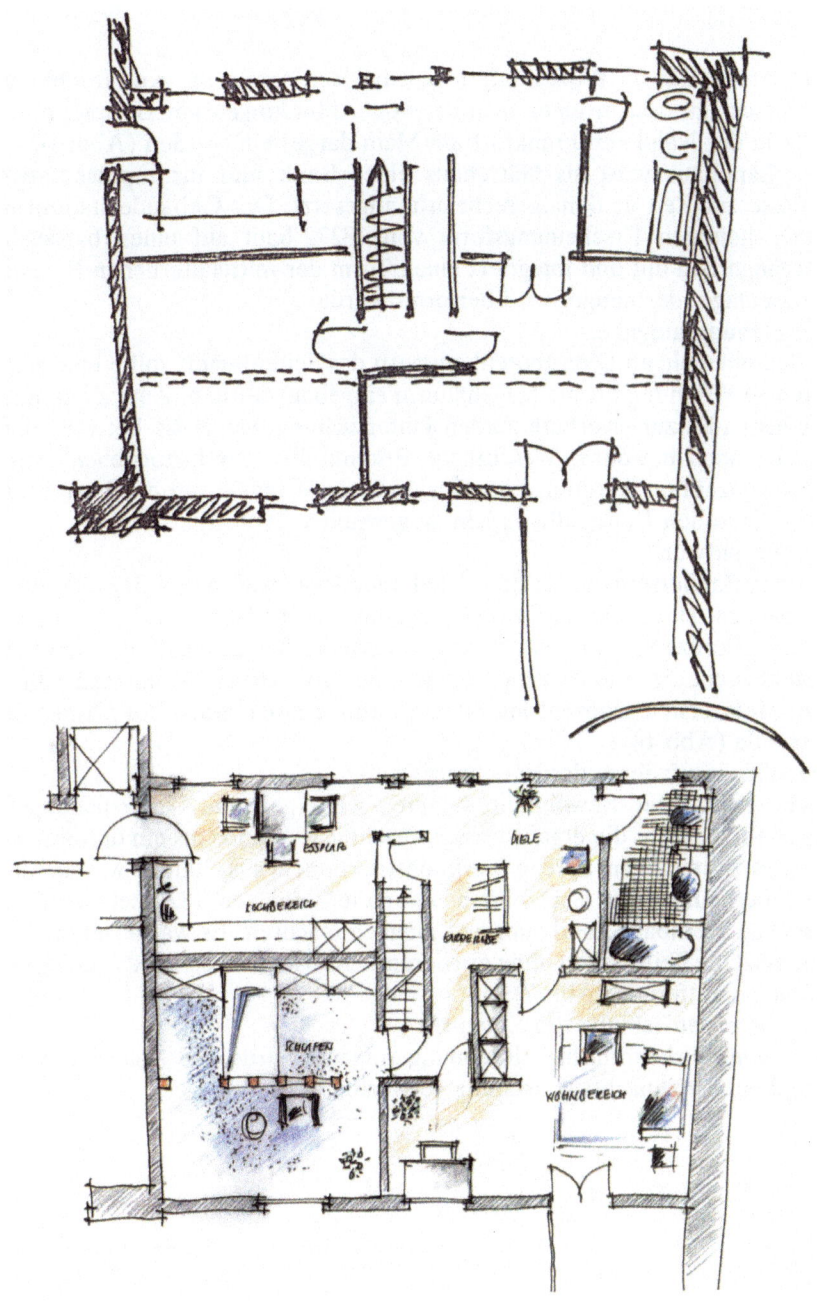

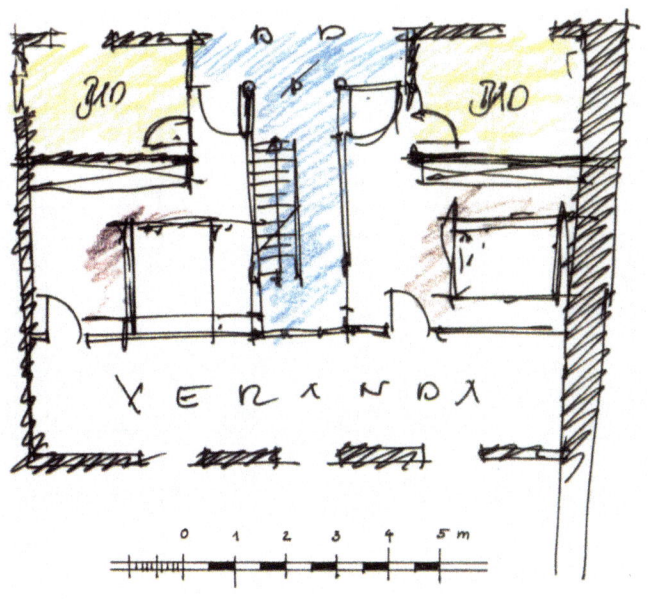

Wie Kreativität im Prozesshaften sich bei der Arbeit am Kulturdenkmal niederschlägt, soll in einer Sequenz von Abbildungen am Beispiel einer Villa in der Nähe von Frankfurt am Main dargestellt werden (Abb. 4).

Das Landhaus wird als Gästehaus einer Bank und für repräsentative Anlässe zur Zeit denkmalgerecht instandgesetzt. Das Gebäude stammt in seiner heutigen Erscheinungsform von 1827, baut auf einen barocken Vorgängerbau auf und integriert einen Turm der mittelalterlichen Befestigungsanlage, der neugotisch überformt wurde.

Die Planungsaufgabe:
In den ehemaligen Dienstbotenkammern des Seitenflügels sollte eine zeitgemässe Wohnung für die Haushälterin eingebaut werden. Zum Zeitpunkt der instandsetzungsvorbereitenden Untersuchung waren die betreffenden Räume noch bewohnt. Wesentliche Erkenntnisse zur historischen Tragwerkskonzeption waren aus der Position von Wänden und der Lastabtragung bis in den Keller allein nicht zu gewinnen (Abb. 5).

Der Vorentwurf:
Mit der Bauherrschaft und dem Denkmalpfleger war man sich einig, dass im ganzen Haus die vorhandene räumliche Struktur bindend für das Nutzungskonzept sei, in den Dachkammern des Seitenflügels aber gewisse gestalterische Freiräume zum Einbau einer attraktiven Wohnung bestünden. Dem ersten Konzept lag die Entfernung einer Wand zur Orangerie zugrunde (Abb. 6).

Die Wiederaufnahme der Bauuntersuchung:
Nach Auszug der Bewohnerin konnten weitergehende Untersuchungen angestellt werden, die ergaben, dass wesentliche Wände als ein dreidimensionales System von Sprengewerkkonstruktionen ausgebildet waren, die die Überbauung des sich seitlich unter die Villa von 1827 schiebenden barocken Kernbaus überhaupt erst möglich machten. Es war ausgeschlossen, einzelne Teile davon ohne gravierende Konsequenzen für das Gesamtgefüge zu entfernen (Abb. 7).

Die Weiterentwicklung des Entwurfs:
Der neuen Erkenntnislage Rechnung tragend wurde das bisherige Nutzungskonzept zunächst vollständig verworfen.

Abb. 7 Frankfurt a. M./Bonames, Haus Metzler, Seitenflügel. Quer zur Orangeriewand verlaufende Traufwand des Haupthauses.

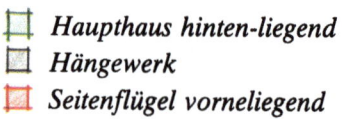
 Haupthaus hinten-liegend
 Hängewerk
 Seitenflügel vorneliegend

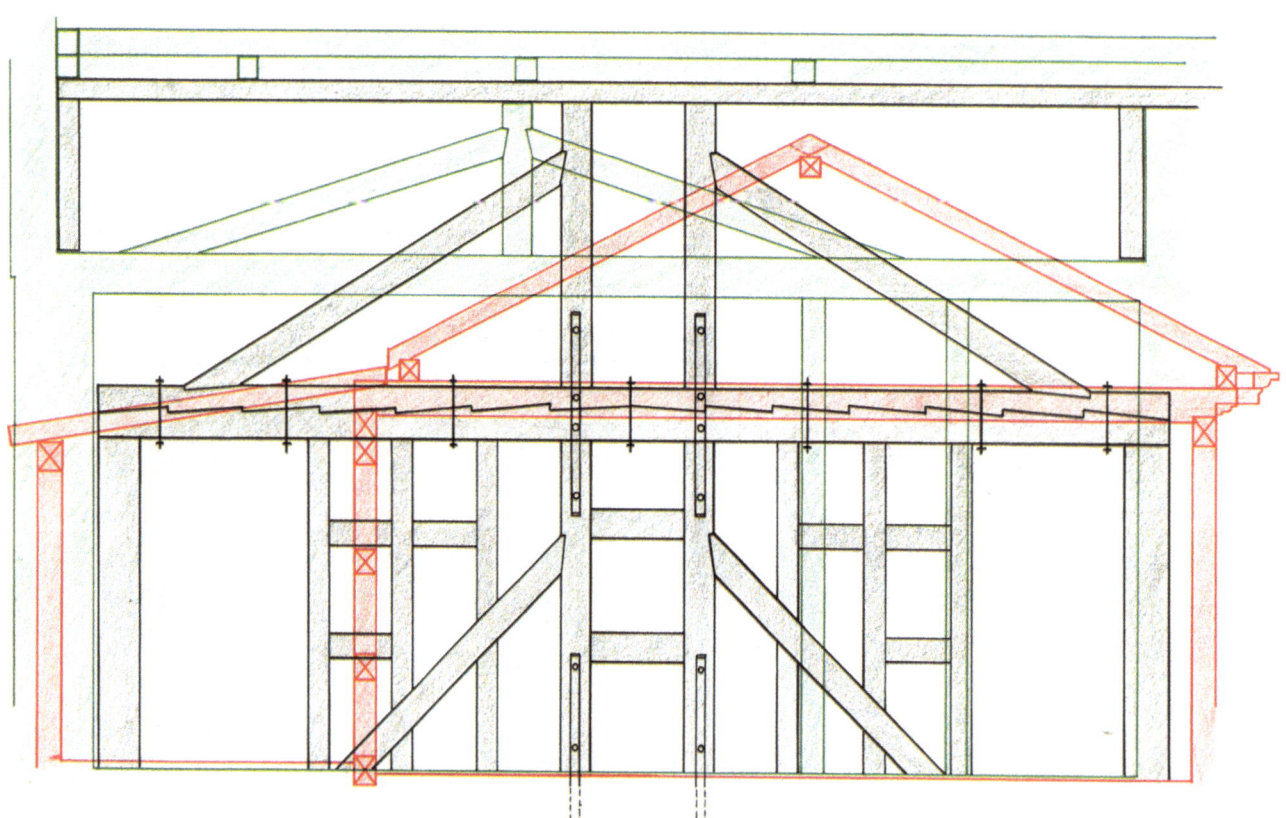

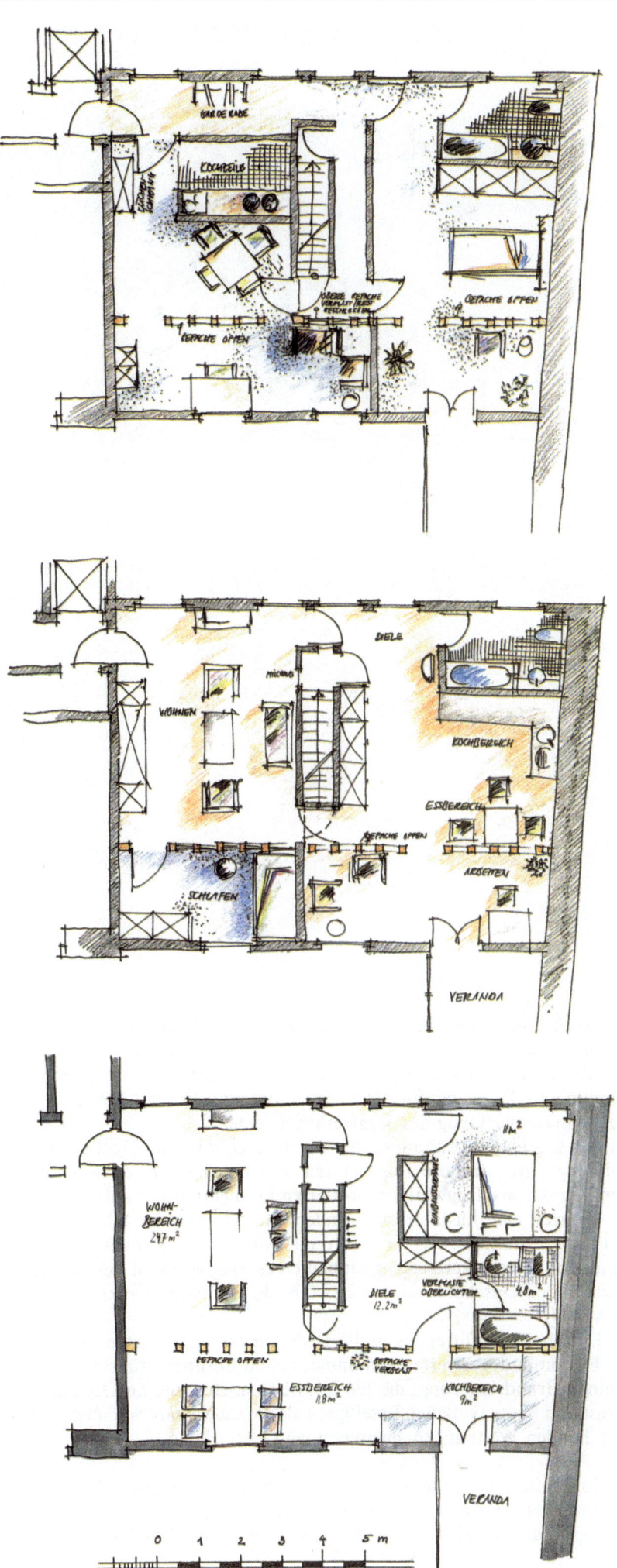

Abb. 8 Frankfurt a. M./Bonames, Haus Metzler, Seitenflügel. Grundrisslösung Weiterentwicklung.

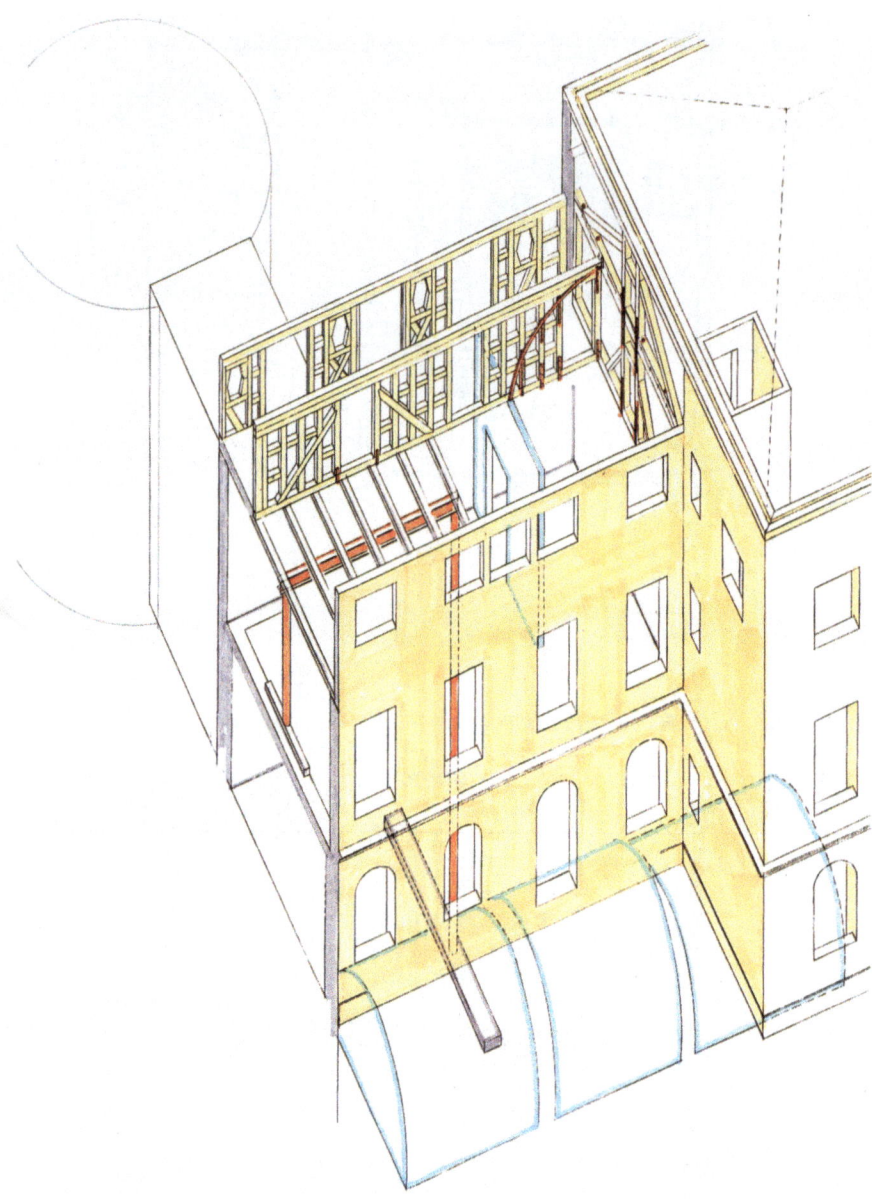

Abb. 9 Frankfurt a. M./Bonames, Haus Metzler, Seitenflügel. Isometrie. Überbauung des barocken Gewölbes: Komplizierte Kräfteführung über drei Geschosse.

Man suchte anderswo nach einer geeigneten Lage für die Wohnung der Haushälterin. Gewisse übergeordnete Prioritäten der Bank stellten dann aber doch wieder die unlösbar scheinende Aufgabe, eine entsprechende Wohnung an dieser empfindlichen Stelle unterzubringen (Abb. 8).
Die Weiterentwicklung des Tragwerkskonzepts:
Bei der Lastenüberprüfung stellte sich heraus, dass die Decke unter der Wohnung durch frühere Reparaturen und Feuchteschäden nur unzureichend an der als Tragwerk konstruierten Orangeriewand aufgehängt war. Wir mussten eine Lastabtragung finden, die die bisherige Situation beibehielt und entlastete. Es bot sich die Möglichkeit, einen zugesetzten Wandschrank zum verdeckten Einbau eines Tragwerks zu nutzen, das die Kräfte über 3 Geschosse auf das Gewölbe des barocken Tiefkellers ableitete (Abb. 9).
Die Entscheidung für einen an die Bedingungen angepassten Grundriss:
Das Finden und Verwerfen von immer neuen Lösungen führte schliesslich zu einer Grundrisslösung, die die historischen Bauteile an Ort und Stelle belässt und heute von allen Beteiligten als die interessanteste aller im Haus entstehenden Wohnungen angesehen wird (Abb. 10).

Abschliessend sollen die eingangs angeführten Behauptungskomplexe in transformierter Form wieder aufgenommen werden.
Wir sagen ausdrücklich nicht, dass hier Wahrheit, dort Irrtum vorliege.

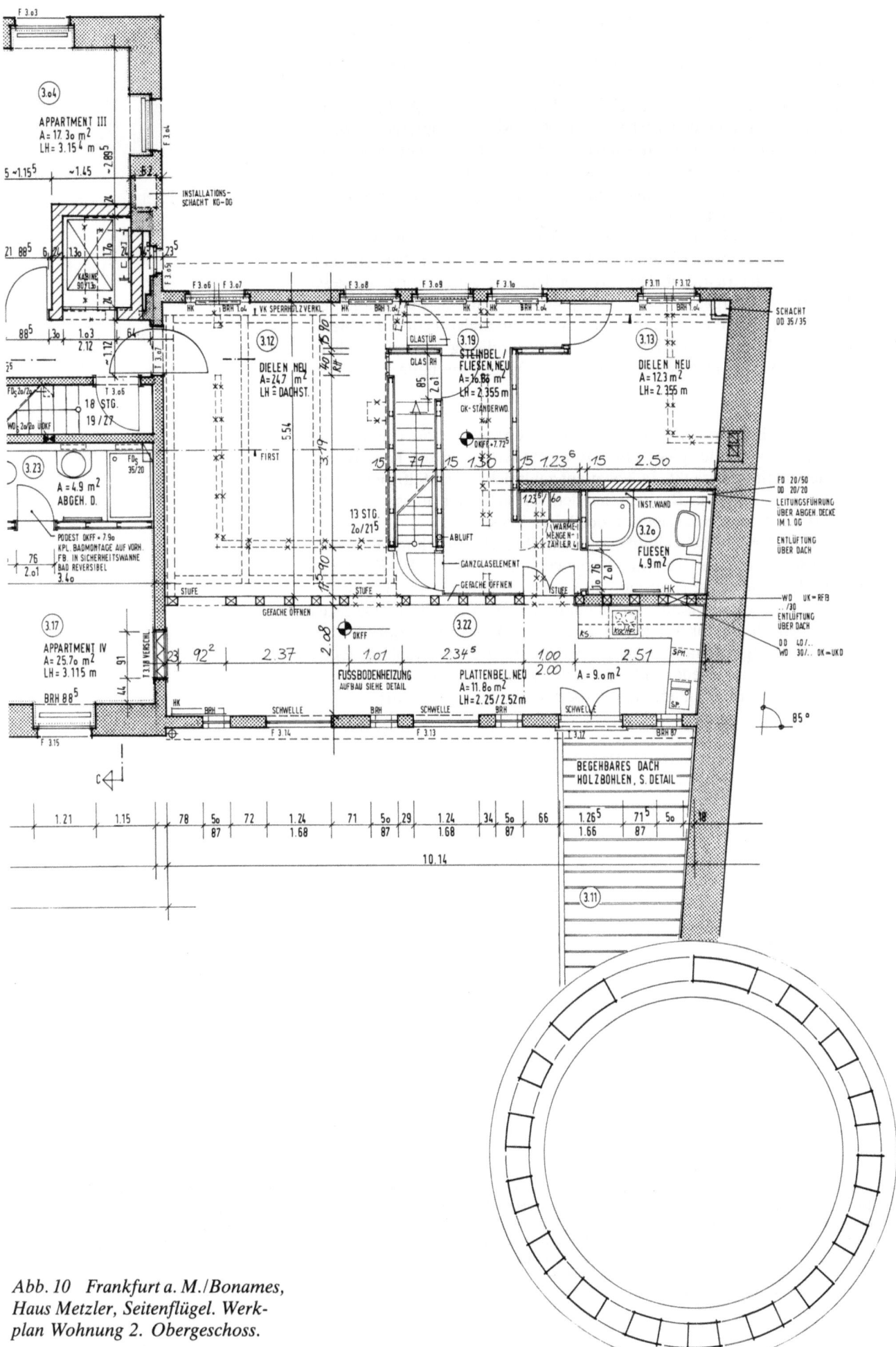

Abb. 10 Frankfurt a. M./Bonames, Haus Metzler, Seitenflügel. Werkplan Wohnung 2. Obergeschoss.

Nichts von dem, was wir hier vortragen, ist beweisbar. Wir hoffen, durch unsere eigene Arbeit an historischen Bauten Ergebnisse zu erzielen, die ein Ausdruck dieser skizzierten Haltung sind. Wir empfehlen nichts zur Nachahmung.

1. Jedes Kulturdenkmal ist ein Unikat. Die Arbeit von Architekt und Ingenieur am Baudenkmal ist in demselben Mass schöpferisch, wie er bereit ist, zum Verständnis des jeweils individuellen Objekts alles Vorgewusste zu vergessen und das Ziel der Arbeit in der Formulierung eines schlüssigen Systems von Fragen zu sehen. Die gefundenen Lösungen sind nicht übertragbar. Intuition ist erforderlich.
2. Kreativität erschafft aus dem Nichts. Der Grad an Kreativität in der Arbeit am Baudenkmal bemisst sich nicht nur am Finden des gültigen Ergebnisses, der richtigen Antwort, sondern vor allem an der Prozesshaftigkeit des Vorgangs, im Suchen, im Formulieren der adäquaten Fragen. Zum Suchen wie zum Finden einer denkmalgerechten Problemlösung sind Intuition und Kreativität ebenso zulässig wie erforderlich, obwohl sie hierbei nicht so offensichtlich auftreten wie beim Entwerfen eines Neubaus.

Bietet also die Bauforschung dort, wo sie als Grundlage für Bauplanung und Entwurf eine Rolle spielt, eine Herausforderung an die Kreativität? Wir meinen uneingeschränkt: Ja, sogar auf zahlreichen, vielfältig miteinander vernetzten Ebenen. Deshalb handelt es sich hier meist um eine Kreativität der feinen Nuancen und der leisen Töne.

Die Arbeit in der Überschneidungszone zwischen Bauforschung und Entwurf erfordert ständiges Training, Vorgewusstes, das sich als «Erfahrenheit» und «Expertenwissen» ausgibt, als solches zu enttarnen und nicht mit Kompetenz zu verwechseln. Kompetenz als Immer-schon-Gewusstes schafft keinen Raum für Fragen, auf die alle Antworten erlaubt sind, sondern stellt Suggestivfragen, die die Antworten bereits enthalten. Es ist der Regelfall, immer wieder mit «bis dahin so nicht gelösten Aufgaben» konfrontiert zu werden, in dem alle Experten als Anfänger auftreten.

Anmerkungen

[1] GERT TH. MADER. Zur Frage der denkmalpflegerischen Konzeptionen bei technischen Sicherungsmassnahmen. (Arbeitshefte des Sonderforschungsbereich 315 «Erhalten historisch bedeutsamer Bauwerke», Universität Karlsruhe 9, 1989, S. 23–52, hier S. 23).

[2] «Sechs Thesen zum Umgang mit historischer Bausubstanz», vorgelegt vom BDA (Bund Deutscher Architekten) Berlin im Oktober 1988 in Berlin, zitiert und kommentiert bei: GEORG MÖRSCH. Der Architekt und die Denkmalpflege – Bilanz und Ausblick. (Das Baudenkmal in der Hand des Architekten. Umgang mit historischer Bausubstanz. Nachdruck, Bonn 1991 [Schriftenreihe des Deutschen Nationalkomitees für Denkmalschutz, 37], S. 70–74).

[3] HANS REUTER. Zur statischen Sicherung historischer Dachwerke. (Arbeitshefte des Sonderforschungsbereich 315 «Erhalten historisch bedeutsamer Bauwerke», Universität Karlsruhe 9, 1989, S. 97–112).

Abbildungsnachweis

Bingenheimer + Hädler, Darmstadt.

Norbert Huse

Denkmalwerte im Stadtplanungsprozess
Berliner Eindrücke und Erfahrungen 1991/92[1]

I

Zu behaupten, Denkmalwerte spielten in der heutigen Planungswirklichkeit eine bedeutende Rolle, wäre eine Übertreibung. Zwar begegnet man ihnen, zumindest anfangs, in der Regel nicht ohne Freundlichkeit, aber es ist eine Freundlichkeit von der Art, die Bertolt Brecht schon in den zwanziger Jahren in Verse fasste: «Die Städte sind für dich gebaut. Sie erwarten dich freudig. / Die Türen der Häuser sind weit geöffnet. Das Essen steht schon auf dem Tisch. // Da die Städte sehr gross sind / Gibt es für die, welche nicht wissen, was gespielt wird, Pläne / Angefertigt von denen, die sich auskennen / Aus denen leicht zu ersehen ist, wie man auf dem schnellststen Wege / Zum Ziel kommt. // Da man eure Wünsche nicht genauer kannte / Erwartet man natürlich noch eure Verbesserungsvorschläge. / Hier und dort / Ist etwas vielleicht noch nicht ganz nach eurem Geschmack / Aber das wird schleunigst geändert / Ohne dass ihr euch einen Fuss ausreissen müsst. // Kurz: ihr kommt / In die besten Hände. Alles ist seit langem vorbereitet. Ihr / Braucht nur zu kommen.»[2]

Je mehr Gebäude, Anlagen und Situationen nach den heute geltenden Prinzipien zum Denkmal werden können, desto häufiger werden die Berührungen zwischen Denkmalschutz und Stadtplanung und desto häufiger und intensiver werden die Konflikte. Besonders dann, wenn sich herausstellt, dass Denkmalwerte etwas anderes sind als städtebauliche Gestaltwerte. Das Plädoyer für die Denkmalwerte mündet notwendigerweise in die Forderung, der Geschichte, und zwar der ganzen Geschichte, auch da ins Auge zu sehen, wo die Erinnerung unbequem wird. Das aber steht im Widerspruch zu dem auch von Städtebauern und Stadtplanern mit Hartnäckigkeit gepflegten Vorurteil, Schutz und Pflege von Denkmalen bedeute vor allem die Zuständigkeit für Gestaltungsbesserwisserei und schönen Schein, für heile Welten und notfalls auch für rekonstruierenden Geschichtsersatz.

II

Auch die Auslober und die meisten Teilnehmer des Münchner Wettbewerbs, der 1991 Klarheit über die Unterbringung der Museen und Kultureinrichtungen bringen sollte, denen zwischen Königsplatz und Karolinenplatz ein neues Domizil zugedacht ist, waren der Geschichte und dem Denkmalschutz gegenüber guten Willens. Die beiden Plätze des 19. Jahrhunderts blieben bei fast allen Beiträgen unangetastet, oberflächlich jedenfalls. Den Protesten, dass es sich auch in der Zone dazwischen und unter der Erde, wo etwa zwei Drittel des geplanten Bauvolumens versteckt werden sollten, um schutzbedürftiges, wenn auch nationalsozialistisch geprägtes Terrain mit grosser Denkmalbedeutung handele, begegnete Unverständnis, und bei manchen auch Empörung.

Zu schwer fiel ihnen die Einsicht, dass sie nicht in einem geschichtlichen Niemandsland planten, sondern an einem Ort, der geprägt ist von dem konfliktreichen Verhältnis zweier Epochen, der Epoche Ludwigs I und der Epoche des Nationalsozialismus und seiner Nachgeschichte[3]. Die drei Bauten des 1862 abgeschlossenen ludovizianischen Königsplatzes (Abb. 1), Glyptothek, Kunstausstellungsgebäude und Propyläen, gaben, so Klenze, mit ihren drei Stilen einen «Inbegriff der griechischen Architektur», «ein Bild des reinen Hellenismus, in unsere Welt verpflanzt». Die Nationalsozialisten hatten schon vor 1933 das Palais Barlow von 1828 zum «Braunen

Abb. 1 München. Königsplatz. Vorkriegszustand.

Abb. 2 München. Königsplatz. Vorkriegszustand. Im Hintergrund Ehrentempel und Führerbauten.

Haus» gemacht, und nach der Machtergreifung begann Paul Troost mit dem Führerbau nördlich der Briennerstrasse, heute Musikhochschule, und dem Verwaltungsbau der NSDAP südlich davon. Es folgten die Ehrentempel, in die 1935 die Särge der «Blutzeugen» von 1923 überführt wurden (Abb. 2). Der Platz wurde umgekehrt: Hatte er sein architektonisches Ziel bis dahin im Westen, bei den Propyläen, so wurde er nun zum Vorplatz für die nationalsozialistischen Neubauten im Osten. Eine steinerne Einfriedung drängte die Bäume in den Hintergrund, gewaltige Granitplatten wurden verlegt, der Verkehr wurde ausgesperrt. Ein «Forum der NSDAP», eine «Weihe- und Versammlungsstätte» eine «Akropolis Germaniens» entstand. Zu dieser gehörten nicht nur Fassaden, sondern auch eine bemerkenswerte Infrastruktur, ein modernes Fernheizkraftwerk im Süden zum Beispiel und eine hochtechnisierte «Unterwelt». Diese besitzt unter anderem zwei über 100 Meter lange Rohrkanäle (Abb. 3). Der eine beher-

Abb. 3 München. Rohrkanal zwischen den Führerbauten am Königsplatz.

bergte die Installationen, der andere konnte auch mit Autos befahren werden. Er verbindet den Führerbau mit dem Verwaltungsbau, aber wahrscheinlich gab es auch zum Brauen Haus unterirdische Verbindungen. Man kann das alles als Beispiel effizienter Haustechnik betrachten. Aber vielleicht haben solche Vorrichtungen doch auch etwas mit der Vorsorge (und damit auch Planung) von Krieg und Bürgerkrieg zu tun. Zumal es auch einen Luftschutzbunker für etwa 400 Personen gab mit Decken so dick, dass sie auch vor Bomben geschützt hätten, die es 1933 vermutlich noch gar nicht gab. Diese Unterwelt ist in grossen Teilen erhalten, jedoch so gut wie unerforscht. Klar aber ist schon jetzt, dass das spezifisch Nationalsozialistische am neuen Königsplatz nicht so sehr in der von der zeitgenössischen Propaganda beschworenen «germanischen Tektonik» der Einzelformen besteht, sondern in der Konfiguration aller Elemente, einschliesslich der Infrastruktur.

Der 8. Mai 1945 brachte auch am Königsplatz eine scharfe Cäsur, aber keine tabula rasa. Die von General Eisenhower befohlene Schleifung der Ehrentempel suchten die Münchner zu verhindern. Hans Döllgast soll eine provozierende Entweihung des Kultortes durch die Einrichtung von Studentencafés vorgeschlagen haben, der Kardinal dachte an je eine katholische und eine evangelische Kapelle[4]. Im Januar 1947 kam es auf amerikanischen Druck doch zur Sprengung. Gleichzeitig wurde der Ostrand des Königsplatzes neu bepflanzt – eine partielle Rückkehr zu dem Zustand von vor 1933 und zugleich ein Versuch, der optischen Dominanz der verbliebenen NS-Bauten entgegenzuwirken. Im übrigen entbrannte eine heftige Debatte darüber, was mit den verbliebenen Sockeln geschehen könne. 1961 begannen die Überlegungen, die 1989 schliesslich zur Neubegrünung des Königsplatzes führten und damit die optische Entnazifizierung des Königsplatzes ein grosses Stück voranbrachten, die mit dem Abriss der Sockel jetzt weitergeführt werden soll. Bereits 1956/57 waren die noch erhaltenen Zugangstreppen abgebrochen worden. Oben pflanzte man Rosen, spontanes Grün kam hinzu, so dass im Laufe eines Vierteljahrhunderts ein von den Ökologen sehr hoch bewerteter Biotop entstand (Abb. 4), der aber nicht einfach ein Naturphänomen ist, sondern – in Verbindung mit den Steinen – auch ein Dokument der Nachkriegsgeschichte und ihrer ohnmächtigen Versuche darstellt, Vergangenheit zu «bewältigen» – ohne Zweifel eine Situation von hohem Denkmalwert, wenn auch sicherlich kein Schmuckstück im Sinne der herkömmlichen Stadtbildpflege.

III

Überlegungen wie diese stossen allerdings in mancher Hinsicht an die Grenzen des derzeit herrschenden Denkmalverständnisses in Fachwissen-

Abb. 4 München. Sockel des südlichen Ehrentempels. Zustand 1990.

Abb. 5 München. Alte Pinakothek. Südseite.

Abb. 6 München. Alte Pinakothek. Südseite. Detail.

schaft und Öffentlichkeit. Das Problem besteht darin, dass unser begriffliches und gedankliches Instrumentarium sich gelegentlich als wenig geeignet erweist, der im Grundsätzlichen auch unumstrittenen Forderung Rechnung zu tragen, dass es in letzter Instanz die geschichtliche Bedeutung ist, die ein Gebilde zum Denkmal machen kann. Die Schwierigkeiten erwachsen daraus, dass Geschichte nicht nur eine Sequenz von Erfolgen ist, obwohl wir bei unseren Plädoyers für Erhaltung von meist *Werten* sprechen, die von früheren *Leistungen* zeugen und deshalb bewahrt werden müssen[5]. Hier erhebt sich eine Gegenfrage, die selten gestellt wird: Gehört nicht bei Teilen der Geschichte, die strukturell so destruktiv sind, wie das Dritte Reich es war, auch Zerstörung, und zwar in allen Erscheinungsformen, als verursachte wie als erlittene, zu den zentralen Merkmalen? Und wenn das so sein sollte, könnten, müssten dann nicht auch die Spuren davon, dass etwas nicht (mehr) möglich oder vorhanden war, zu entscheidenden und deshalb zu schützenden Denkmaleigenschaften werden?

Intellektuelle wie der Regisseur Wim Wenders und der Philosoph Jacques Derrida haben die Berliner im letzten Jahr beschworen, auch die Narben und die Brüche in ihrer Stadt als Teil des genius loci zu begreifen. Die «Löcher» und «Leerstellen» im Stadtgefüge seien eine besondere Qualität, die es zu bewahren gelte. Ein Blick auf Rom kann zeigen, dass Berlin mit solchen Eigenschaften nicht völlig allein steht und zugleich den Blick dafür

Abb. 7 Berlin. Ehemalige italienische Botschaft. Hof. Zustand 1991.

Abb. 8 Berlin. Ehemalige italienische Botschaft. Seitenfassade. Zustand 1991.

schärfen, dass auch in Berlin an vielen der von einer solchen dekonstruktivistischen Stadtästhetik gerühmten Stellen nicht einfach nichts ist. An nicht wenigen von ihnen gibt es zum Beispiel Biotope, die ökologisch sehr hoch eingestuft werden. Die Geschichtlichkeit derartiger Natur wird von den Ökologen meist ignoriert, obwohl es doch die Geschichte war, die der Natur zu Tabu- und Schutzzonen verhalf, in denen sie sich derart entfalten konnte. Das gilt in Berlin vor allem für den Bereich der S-Bahn, der der DDR unterstand und damit dem Zugriff geordneten Westberliner Verwaltungshandelns entzogen war, und das gilt auch für die zum Teil exterritorialen Grundstücke des Botschaftsviertels. Die neue berlin- und grossstadtspezifische Natur, die in diesen Gebieten entstanden ist, hat in ihrer Bindung an ihren besonderen Ort und dessen Geschichte und in Verbindung mit den erhaltenen Baulichkeiten meines Erachtens nicht nur ökologischen Wert, sondern auch Denkmalwert. Sie verlangt auch deshalb grösste Behutsamkeit und eine Behandlung, in der Umweltverträglichkeit und Denkmalverträglichkeit sich zusammenfinden müssten.

Eine Verschönerung des Stadtbildes sind solche Situationen meistens nicht, wohl aber können sie eine Bereicherung sein. Für das sonst so blankgeputzte Münchner Stadtbild jedenfalls ist die nüchterne, von jeder Ruinenromantik weit entfernte Trauerarbeit, die Hans Döllgast zum Beispiel an der Alten Pinakothek leistete, ein ausserordentlicher Gewinn (Abb. 5, 6). Eindringlich erinnert seine Fassade daran, dass dieser Bau zum Teil zerstört war und in einer armen Zeit repariert wurde. Der immer wieder drohende Ersatz dieser Lösung durch eine Klenze-Rekonstruktion wäre nicht nur denkmalpflegerisch und architektonisch ein schwerer Verlust, sondern auch für die Aussagekraft des Stadtbildes.

In Berlin hat vor einigen Jahren die Diskussion über die ehemalige Italienische Botschaft am südwestlichen Rand des Tiergartens hohe Wellen geschlagen (Abb. 7, 8). Eine neue Akademie der Wissenschaften sollte dort einziehen, Gaë Aulenti, die Architektin der Umbauten in der Gare d'Orsay und im Palazzo Grassi, war für den Ausbau vorgesehen. Das Gebäude ist in Teilen beschädigt, im ganzen aber ist es auch im Inneren, wo der Besucher durch ein raffiniert inszeniertes Nacheinander von Räumen in Bann geschlagen werden soll, in wesentlichen Teilen erhalten. Zusammen mit dem Aussenbau, dem das zuständige Bauamt 1941 ein «römisches Gesicht voll imperialer Würde» attestierte, bilden der ruinöse Hof und die Innenräume ein Ensemble, das in seltener Eindrücklichkeit Hybris und Scheitern der nationalsozialistischen Eroberungspolitik vor Augen stellt. Die Akademie wollte in ein solches Gebäude nicht einziehen.

Vorschläge wie der, dieses Bauwerk so, wie es ist, mit Einschluss der historisch bedingten Schädigungen, zu einem «Gehäuse der Geschichtserfahrung zu machen, Exponate aus der Geschichte des Dritten Reiches, auch des an Widersprüchen so reichen deutsch-italienischen Verhältnisses zu zeigen und auf die Rolle der Architektur im Dritten Reich hinzuweisen», blieben ungehört[6].

Eine behutsame, selbst die Lasten der Geschichte einbeziehende Stadtplanung müsste auch das Umfeld der Italienischen Botschaft bedenken. Wie immer beim Umgang mit «Denkmalerwartungsgebieten» sind dabei zwei Schritte zu tun, wobei der zweite den ersten nicht präjudizieren darf. Im ersten Schritt ist, unabhängig von den vermuteten möglichen Konsequenzen, zu ermitteln, ob überhaupt eine Denkmalbedeutung vorliegt und, wenn ja, worin sie besteht. In einem zweiten Schritt muss dann der angemessene Umgang damit gefunden werden. Zu welchem Ergebnis diese Suche führt und ob das Denkmal dabei ganz oder teilweise überlebt, ist von den für die Planung Verantwortlichen zu entscheiden – und zu verantworten. Im konkreten Beispielfall ist das Gebiet um die Botschaft wahrscheinlich im ganzen kein Denkmal im Sinne der geltenden Gesetze. Aber deswegen ist es noch kein Niemandsland. Zu prüfen wäre, ob nicht auch die Bezüge und die Zugehörigkeit zu einem grösseren, bis heute nationalsozialistisch geprägten Bereich denkmalpflegerisch von Bedeutung sind: An der Tiergartenstrasse liegt das 1937 errichtete ehemalige Gästehaus der Firma Krupp, die dadurch anschaulich ihre Rolle im damals neuen Staate dokumentieren konnte. Nach Norden ist es nicht weit zum Grossen Stern mit der Siegessäule, die zusammen mit den Denkmälern für Bismarck, Moltke und Roon 1939 vom Platz der Republik beim Reichstag in den Tierpark verpflanzt wurde, um Platz zu schaffen für Speers Grosse Halle. Um an ihrem neuen Standort zur Geltung zu kommen, wurde die Säule um eine Trommel erhöht. Ihr neuer Bezugsraum ist primär die von Speer zu einem Teil seiner Ost-West-Achse umgeformte alte Strasse nach Westen. Um die optische Wucht der geplanten Paraden nicht zu stören, mussten Unter den Linden die Bäume weichen, während nach Charlottenburg zu das Stadttor auseinandergezogen und eine Brücke für sehr viel Geld so umgebaut wurde, dass in den Blocks der sie überquerenden Panzer beim Paradieren keine Buckel mehr entstanden wären. Ganz in der Nähe der ehemaligen Italienischen Botschaft steht schliesslich das ehemalige Oberkommando der Wehrmacht, in dessen Hof am 20. Juli Graf Stauffenberg hingerichtet wurde. Neubauten sind im Inneren dieses Gebietes (sieht man von den IBA-«Stadtvillen» in der angrenzenden Rauchstrasse einmal ab) noch eine grosse Ausnahme. Es dominieren die baulichen Überreste des Dritten Reiches in ihrem Zusammenwirken mit dem rekonstruierten Kunstgrün des Tiergartens auf der einen und dem Spontangrün der Ruinen und Brachen auf der anderen Seite.

Gerade in Berlin gehört auch die Zerstörung wesentlich zur Geschichte der Stadt[7], so wenig die Berliner davon zur Zeit auch wissen wollen. Im Augenblick, so hat es den Anschein, können verschwundene Baudenkmale wie das Stadtschloss oder die Bauakademie die Gemüter ungleich stärker in Bewegung bringen als die Denkmale, die tatsächlich vorhanden sind. Freilich sind die Berliner bei dem Versuch, nur diejenige Geschichte wahrnehmen zu wollen, die der eigenen Selbstachtung schmeichelt, alles andere als allein. Allzu gern würden wir alle die Geschichte, die wir in Deutschland nun einmal hatten, eintauschen gegen eine, die uns und anderen weniger Probleme machte. In keiner anderen deutschen Stadt aber ist das, was deutsche Wirklichkeit war, so anschaulich wie in Berlin. Der Wunsch nach einer auch durch Abrisse exekutierten damnatio memoriae nicht nur des Dritten Reiches, sondern auch der Deutschen Demokratischen Republik ist sozialpsychologisch so verständlich wie der Wunsch nach Vergangenheiten, deren Einbeziehung in eine künftige Identität der deutschen Hauptstadt etwas weniger schmerzhaft wäre. Eine gestalterisch, durch Wegräumen und Rekonstruieren, bereinigte und planerisch entsorgte neue Geschichte wäre heute sicherlich ausserordentlich populär, nicht nur in Berlin. Trotzdem darf es sie nicht geben, denn zur Geschichte gehört auch das Dunkel, und: man kann sich seine Vergangenheiten nicht aussuchen, weder als Person noch als Stadt.

IV

Von den problematischen Erbschaften, denen Berlin sich gegenübersieht, ist die nationalsozialistische nach wie vor die schwierigste, denn sie stand und steht vor dem Hintergrund des Holocaust. Die Hinterlassenschaften der DDR sind von derart gravierenden Belastungen frei, und sie sind auch deshalb nicht nur einfach eine Hypothek, derer man sich so schnell als möglich entledigen müsste. Hinzu kommt, dass sie gerade da, wo sie besonders sichtbar und ärgerlich sind, im Zentrum der Stadt, auf eine noch von wenigen gesehene, aber völlig evidente Weise mit Hinterlassenschaften der Nachkriegszeit in Westberlin zusammenhängen. Hinter der neutralisierenden Planerformel von der Bipolarität Berlins verbirgt sich ja das beispiellose und faszinierende Phänomen, dass hier über mehrere Jahrzehnte hinweg zwei Grossstadtzentren errichtet wurden, und zwar nicht nur nebeneinander, sondern zu einem wesentlichen Teil auch gegeneinander. Den Anstoss gab die Sozialistische Einheitspartei Deutschlands, die 1950/51 die Gemeinsamkeit der planerischen Ziele aufkündigte, die die ersten

Abb. 9 Berlin. Frankfurter Allee, ehem. Stalinallee. Wohnungsbau. Planungskollektiv Scharoun. 1950.

Abb. 10 Berlin. Frankfurter Allee, ehem. Stalinallee.

Abb. 11 Berlin. Hansaviertel. Modell.

Nachkriegsjahre bestimmt hatte. Bauhaus und Neues Bauen erschienen nun als Machenschaften kosmopolitischer Kapitalisten[8]. Walter Ulbricht warnte, man dürfe sich «nicht dadurch in Verwirrung bringen lassen, dass die Nazis die gesunde Abneigung des Volkes gegen diese amerikanischen Kulturbarbareien für ihre chauvinistischen Zwecke zur Entfachung einer Pogromhetze gegen die Kommunisten missbrauchten».

Die vom Planungsteam um Hans Scharoun errichteten Zeilenbauten, die an die Traditionen des Siedlungsbaus der Weimarer Republik anknüpften, wurden nun als unwürdige Hühnerkisten beschimpft. Statt dessen sollten der siegreichen Arbeiterklasse Paläste errichtet werden, und dies sollte nach sowjetischem Vorbild in einem nationaler Überlieferung verpflichteten Stil geschehen (Abb. 9, 10). Das Ergebnis war die Stalinallee, nach Anlage und Formensprache bewusst ein Stück gebauten Klassenkampfes, das auch im Westen Wirkung tat, denn nun war modernes Bauen, in den ersten Jahren nach 1945 stark in der Defensive, plötzlich mit den Werten des Freien Westens assoziiert. Modern zu bauen, hiess von nun an, nicht nur gegen Hitler zu bauen, sondern auch gegen Stalin.

Die Westberliner Antwort auf die Stalinallee war das Hansaviertel (Abb. 11), dessen programmatische Offenheit[9], Lockerheit und Modernität auch eine Waffe im Kalten Krieg sein sollte. Die immer wieder auftauchenden Pläne, dort städtebaulich «aufzuforsten» und durch Verdichtung «Urbanität» im gestern modernen Sinne zu schaffen, würden dem Quartier auch in dieser Hinsicht einen wesentlichen Teil seines Denkmalwertes nehmen. Ebenso haben bei den anderen polemisch aufeinander bezogenen Ost-West-Paaren Veränderungen auf der einen Seite immer auch Bedeutung für die andere. Es gibt mehrere solche Paarungen: Der Alexanderplatz und der Ernst-Reuter-Platz (Abb. 12, 13) zum Beispiel gehören ebenso zusammen wie das Springer-Hochhaus an der Mauer und die Bebauung an der Leipziger Strasse, die dem Westen eine Hochhausfront zuwandte, die, demonstrativ sozialistisch, dem Wohnen diente, nicht der Wirtschaft. Auf beiden Seiten der Grenze entstanden so Bauten und Ensembles, die nicht nur für sich selbst Denkmale sein können, sondern auch in dem optischen und politischen Bezug zu ihrem jeweiligen demokratischen oder sozialistischen Widerpart.

Die tiefgreifendsten Veränderungen geschahen in der Mitte der Stadt, denn dort änderte sich nicht nur die Erscheinungsweise, sondern auch die ganze Struktur. Keine grosse historische Stadt ist in jüngerer Zeit so radikal umgeformt worden wie das östliche Berlin auf dem Wege zur Hauptstadt der DDR. Ein kundiger und auch damals nicht unkritischer Beobachter resümierte 1979: «Das beeindruckendste und zugleich auch bedeutendste Beispiel für die sozialistische Umgestaltung eines histori-

Abb. 12 Berlin. Ernst-Reuter-Platz.

Abb. 13 Berlin. Alexanderplatz (Zeichnung B. Flierl).

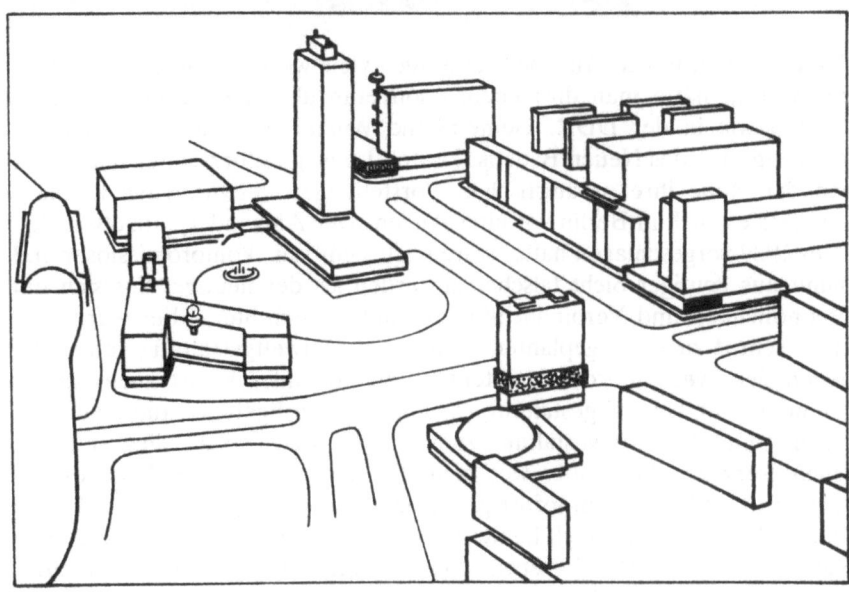

schen Stadtzentrums... und damit für die Vergegenständlichung sozialistischer Lebensprozesse und sozialistischer Wertvorstellungen in der gebauten Umwelt ist zweifellos Berlin, die Hauptstadt der DDR. Hier ist in den zurückliegenden 25 Jahren mit der sogenannten zentralen Achse – das heisst mit der Strasse Unter den Linden vom Brandenburger Tor bis zum Lindenforum sowie mit dem zentralen Raum vom Marx-Engels-Platz bis zum Alexanderplatz und von dort weiterführend mit der Karl-Marx-Allee – das sozial-räumliche Rückgrat des neuen Stadtzentrums von Berlin geschaffen worden, eine baulich-räumliche Trasse gesellschaftlicher Aktivitäten des gesamten Zentrums, ja der Stadt insgesamt.»[10]

Diese Trasse ist in sich keineswegs homogen, sondern Ausdruck wechselnder und untereinander oft nur schwer zu vereinbarender architektonischer und städtebaulicher Leitbilder. Während sich der erste Teil der früheren Stalinallee, der heute gerade auch beim konservativen Publikum so viele Liebhaber findet, zeitgenössischen sowjetischen Vorbildern folgte, schaute man beim zweiten Bauabschnitt, in der Ära Chruschtschow, nach dem Westen. «Anschluss an das Weltniveau» hiess die Parole, und dies ist städtebaulich im Grundsatz auch erreicht worden. Was heute zwischen Strausberger Platz und Alexanderplatz zu sehen ist, findet vor westlichen Augen auch deshalb so wenig Gnade, weil es so vertraut ist. Man braucht nur die damaligen Zeitschriften auf die städtebaulichen Wettbewerbe hin

Abb. 14 Berlin. Frankfurter Allee, ehem. Stalinallee. 2. Bauabschnitt. Im Hintergrund links Leninplatz.

durchzusehen, um zu erkennen, dass auch viele westliche Städte so geworden wären, hätte man dort ebenso souverän über den Boden verfügen können wie in der DDR. Gemeinsame Wurzel sind die urbanistischen Konzeptionen des Neuen Bauens. Hätten Ludwig Hilberseimer oder Mies van der Rohe ihre urbanistischen Vorstellungen verwirklichen können, stünde dies auch in Berlin vor aller Augen. Der Alexanderplatz etwa, den Mies 1929 vorgeschlagen hatte, wäre noch rigoroser, kompromissloser und damit aus heutiger Sicht falscher geworden als der heutige, der sich um Freundlichkeit und Verbindlichkeit zumindest bemühte: «Hier wurde der erste Schritt zu einer geplanten komplexen Umweltgestaltung getan, die neben der Synthese von Architektur und bildender Kunst auch andere Elemente der Umweltgestaltung, nämlich die Farbgebung, die Schriftgestaltung und die Grüngestaltung zum Inhalt hatte.»[11] Auch dies ist inzwischen Vergangenheit, aber wer nicht bar jeglicher historischer Vorstellungskraft und nicht stumpf ist gegen jede Art von Städtebau der klassischen Moderne, wird auch heute auf dem Weg von der alten in die neue Karl-Marx-Allee (Abb. 14) etwas von der Befreiungs- und Aufbruchsstimmung nachvollziehen können, die den Abschied vom architektonischen Stalinismus einmal begleitete und an die Stelle der Palastfronten ohne jedes Hinterland eine durchmischte Planung setzte, die auch den damals aktuell werdenden Forderungen nach Zeichenhaftigkeit, Orientierung und Identifikation gerecht zu werden suchte.

Die schwierige denkmalpflegerische Aufgabe besteht darin, den Denkmalwert der durch die DDR geschaffenen Innenstadt (der ja nicht einfach identisch ist mit den Intentionen ihrer Erbauer) zu erkennen, zu definieren sowie den Planern, den Politikern und der Öffentlichkeit nahezubringen, dass hier ein Stück deutscher Geschichte städtebauliche Gestalt angenommen hat, dessen man sich nicht ohne Nachdenken und ohne eine angemessen breite und differenzierte öffentliche Diskussion entledigen kann[12]. Dabei darf der Gesamtzusammenhang so wenig aus dem Blick geraten wie die Einzelteile. Von beidem wissen wir noch viel zu wenig. Selbst der viel geschmähte Alexanderplatz besteht architektonisch wie sozialräumlich aus durchaus verschiedenen Teilen, deren Eigenarten und Vernetzungen differenzierter Erforschung bedürfen.

Die letzte Stufe des programmatischen DDR-Städtebaus, der Leninplatz, ist in seinem Denkmalwert bereits zu grossen Teilen zerstört, seitdem er mit dem Lenindenkmal seine Mitte verlor (Abb. 15, 16, 17). Er stellte einen Versuch dar, aus der zweiten Stufe der Karl-Marx-Allee zu lernen und eine weithin wirkende städtebauliche Figur zu finden, in die sich dann als Kern

Abb. 15 Berlin. Lenindenkmal, Leninplatz, abgerissen 1991.

Abb. 16 Berlin. Leninplatz. Zustand 1991.

Abb. 17 Berlin. Leninplatz. Protestplakat November 1991.

auch das Denkmal fügte, dessen Umriss den der hinterfangenden Hochhausgruppe paraphrasierte. Der für Abriss oder Erhaltung zuständige Senator erkannte im Herbst 1991 die fachlichen Argumente für den Denkmalwert der Figur ausdrücklich an, entschied aber dann doch auf Abriss, weil das öffentliche Interesse gegen eine Erhaltung spreche. Im Verlauf der zunächst eher leise geführten öffentlichen Diskussion wollte sich dieses öffentliche Interesse aber nicht so recht im erwarteten Sinne artikulieren, vor allem nicht im Osten Berlins. Empfehlungen, deshalb den Abriss auszusetzen und während eines Moratoriums Möglichkeiten zu erkunden, etwa durch städtebauliche und künstlerische Wettbewerbe, konstruktiv (also zum Beispiel auch verfremdend oder konterkarierend) mit einem solchen Denkmal umzugehen, waren vergebens. So blieb auch keine Möglichkeit, die neuen Bedeutungen angemessen zu berücksichtigen, die dem Denkmal nach der Wende möglicherweise schon in kurzer Zeit zugewachsen waren. Dadurch etwa, dass es überhaupt noch stand, weil die friedliche Revolution in der DDR von jeder Gewalt abgesehen hatte, auch – anders als in Teilen der Sowjetunion – von der Gewalt gegen Denkmäler. Dies im nachhinein durch administrativ verordneten Denkmalsturz von oben her revidieren und so aus der sanften Revolution eine «richtige» machen zu wollen, scheint nicht nur denkmalpflegerisch problematisch.

Ähnliches gilt für den Palast der Republik, den es wohl schon nicht mehr gäbe, wäre der Abriss nicht so teuer. Viele sähen an seiner Stelle lieber eine Rekonstruktion des von der DDR abgerissenen Hohenzollernschlosses, obwohl schon jetzt eindeutig ist, dass das dafür notwendige Verschwinden des Palastes der Republik eine Lücke reissen würde, die die bauliche und auch die sozial-emotionale Identität Ost-Berlins in einer Weise und in einem Umfang angreifen würde, die höchstens stadtgestalterisch begründbar wäre, nicht aber sozialpsychologisch, historisch oder auch denkmalpflegerisch. Von dem Gebäude gegenüber, das auch das ehemalige Aussenministerium der DDR beherbergte, wird man das vermutlich auch in einer ferneren Zukunft nicht sagen können. Trotzdem werden sein bevorstehender Abriss und die mit einiger Wahrscheinlichkeit zu erwartende Rekonstruktion der Schinkelschen Bauakademie eine städtebauliche Figuration grundlegend verändern, die auch eine Denkmalbedeutung hat, selbst wenn diese nicht zuletzt in der abschreckenden Leere begründet ist, die dort mit dem Abriss des Stadtschlosses und der Anlage eines gigantischen Aufmarschplatzes geschaffen wurde, eines Ortes, der wie wenige andere in Erinnerung hält, was das Regime an Zerstörungen mit sich brachte. Auch wer den Denkmalwert dieser stadtästhetischen Katastrophe akzeptiert, wird nicht für blinde Konservierung plädieren, wohl aber dafür, dass bei den anstehenden Veränderungen der durch die DDR geschaffene Zustand erkennbar bleibt und das Neue sich mit ihm konstruktiv auseinandersetzt, wie kritisch und polemisch auch immer. Wesentlich ist, dass dies in einer Weise geschieht, die nach vorn blickt, was ja die Aktivierung von Erinnerungen nicht ausschliesst, nicht aber durch einen Marsch zurück ins Reich der Hohenzollern oder gar ins Berliner Mittelalter. Auch die im Moment so populären Rekonstruktionen wären eine Fälschung der Geschichte, ganz abgesehen davon, dass nur schwer vorstellbar ist, wie die Implantate eines neuen alten Schlosses oder einer neuen alten Bauakademie zu einem einigermassen verträglichen Verhältnis zu der gegenüber der Zeit ihrer ersten Errichtung ja gründlich veränderten Umgebung finden könnten. Eine Kulisse ähnlich der des nahen Nikolaiviertels wäre wohl fast zwangsweise die Folge – bequemer Geschichtsersatz statt der provozierenden Herausforderung durch die geschichtliche Wirklichkeit.

V

Zu den historischen Tatsachen, an die sich viele heute weniger gern erinnern, gehört auch die, dass Berlin seinen Aufstieg in den Kreis der europäischen Metropolen nicht seinem Militär verdankt, nicht seiner Politik und schon gar nicht seiner Kultur, sondern seiner Industrie. Die

Berliner Industriestandorte sind zwar bis in die Kernbezirke prägend für die Struktur der Stadt, für deren Selbstverständnis aber sind sie es bisher nur sehr partiell. Nicht wenige dieser Standorte hat die Industrie inzwischen ganz oder teilweise verlassen, manche stehen sogar völlig leer. Ihre Gebäude, Nutzflächen und Einrichtungen stellen aber nicht einfach Dispositionsmassen für ein rein ökonomisch orientiertes Flächenrecycling dar, sondern – nicht immer, aber immerhin auch nicht selten – Baudenkmale von überregionaler Bedeutung, die des Schutzes wert und im höchsten Masse auch bedürftig sind. Im Osten sind sie, in der Substanz oft angeschlagen, in einem Umfang und in einer Authentizität erhalten, die im anderen Teil der Stadt längst der Vergangenheit angehört.

Die im früheren Westberlin gesammelten Erfahrungen der Industriedenkmalpflege sind aufs ganze gesehen, eher eine Warnung als ein Vorbild für das neue Berlin. Wenn sie eines lehren, dann dies, dass es für eine integrale Denkmalpflege nicht ausreichen kann, einzelne Solitäre aus den Konkursmassen herauszulösen und den Rest preiszugeben. Kunstgeschichtliche Bedeutung ist bei Industriekomplexen nur eines unter mehreren Erhaltungskriterien, und nicht selten sind die industrie-, stadt- oder sozialgeschichtlichen Gesichtspunkte die wichtigeren. Der heutige Zustand der früheren AEG-Stadt im Wedding zeigt einige wenige denkmalpflegerische Teilsiege, viele eher schlechte Kompromisse, aber auch, trotz des in diesem Falle wirklich vorbildlichen Einsatzes der zuständigen Referenten, verheerende Niederlagen[13]. So konnte für die Grossmaschinenhalle von Peter Behrens nach heftigen Kämpfen eine einigermassen verträgliche Nutzung gefunden werden, aber schon die fundamentalen Veränderungen, die die angeblich denkmalgerechten neuen Fenster bewirken, mahnen zu grösster Vorsicht. Im Norden schliesslich wurde einem dann doch nicht im erwarteten Masse potenten Investor ein grosses Areal freigeräumt, auf dem sich jetzt hauseigene Nixdorf-Architektur breitmacht, während dem letzten Einzeldenkmal, dem ehemaligen Fabriktor von Franz Schwechten, nur die Rolle des Parkwächters bleibt.

Die Leitlinien für einen sachgerechten Umgang mit dem historischen Erbe sind schon seit langem nicht mehr eine Sache subjektiver Vermutungen und Behauptungen. Sie sind zumindest in Deutschland in meist verhältnismässig guten Gesetzen geregelt und zudem international verbindlich vereinbart. Die bereits 1964 verabschiedete Charta von Venedig über die Konservierung und Restaurierung von Denkmälern und Ensembles beziehungsweise Denkmalbereichen ist inzwischen weltweit ohne Einschränkung anerkannt. § 1 bestimmt: «Der Denkmalbegriff umfasst sowohl das einzelne Baudenkmal als auch das städtische oder ländliche Ensemble (Denkmalbereich), das von einer ihm eigentümlichen Kultur, einer bezeichnenden Entwicklung oder einem historischen Ereignis Zeugnis ablegt. Er bezieht sich nicht nur auf große künstlerische Schöpfungen, sondern auch auf bescheidene Werke, die im Laufe der Zeit eine kulturelle Bedeutung gewonnen haben», und in § 5 ist festgehalten: «Die Erhaltung der Denkmäler wird immer begünstigt durch eine der Gesellschaft nützliche Funktion. Ein solcher Gebrauch ist daher wünschenswert, darf aber Struktur und Gestaltung der Denkmäler nicht verändern. Nur innerhalb dieser Grenzen können durch die Entwicklung gesellschaftlicher Ansprüche und durch Nutzungsänderungen bedingte Eingriffe geplant und bewilligt werden.»

Die Akzente sind hier also sehr anders gesetzt als in dem die bisherige deutsche Praxis beherrschenden Dogma, ohne Nutzung könne es auch keinen Denkmalschutz geben, einem Dogma, das meist schnell zu der Nötigung führt, selbst dann für jedes Denkmal eine Nutzung zu präsentieren — und zwar sofort, aber mit Gültigkeit für alle Zeiten – wenn bereits absehbar ist, dass solche, einen zufälligerweise gerade vorhandenen Bedarf befriedigenden Nutzungen zwar möglicherweise das Gebäude erhalten, die Werte an ihm, die es zum Denkmal machen, aber zerstören werden. Alle Beteiligten, Fachleute, Öffentlichkeit und Politiker, hängen bei solchen Entscheidungen in der Praxis meist noch immer einem eindimensionalen Trivialfunktionalismus an, der eigentlich überholt ist. Denn längst ist doch

Abb. 18 Berlin. Westhafen.

klar, dass die Nutzung von Denkmalen sich nach den Denkmalen richten muss, nicht umgekehrt. Bei allen Neu- und Umplanungen sind deshalb einfache, temporäre und reversible Lösungen günstiger als solche, die auf Dauer angelegt sind, und in der Regel sind Mischnutzungen eher in der Lage mit einer gewissen Flexibilität auf die Bedürfnisse des Denkmals einzugehen als monolithene.

Die Zwecke, meist scheinbar unabweisbare «Sachzwänge», denen so viele Denkmale geopfert werden, erweisen sich bei kritischer Prüfung in vielen Fällen als höchst zeitbedingt, und oft wirkt die Forderung nach ihrer Realisierung nur deshalb so überzeugend, weil man sich – phantasielos und gedankenfaul – unter der Zukunft nur eine Fortschreibung dessen vorstellen kann, was auch heute schon vorhanden ist. Die Bedrohung des Berliner Westhafens (Abb. 18) ist nur eines von vielen Beispielen. Für die Repräsentationsgebäude, mit denen sich die 1914 begonnene Anlage auch im Stadtbild eindrucksvoll zu Wort meldet, wird Denkmalschutz ohne extreme Schwierigkeiten zu erreichen sein, für die Gesamtanlage jedoch, zu der auch Lagerhäuser, Kräne, Spundwände und Pflasterungen gehören, sind die Aussichten schlecht, denn gerade sie stehen der Modernisierung im Wege und gerade ihr Denkmalwert ist für eine breitere Öffentlichkeit nur schwer zu erkennen. Der Veränderungsdruck geht in erster Linie von den sogenannten Europaschiffen aus, die 120 m lang, 17 m breit und vor allem höchst unbeweglich sind. Ihnen zuliebe soll nicht nur der Osthafen neu hergerichtet werden, sondern auch die ganze Strecke, die sie im Stadtinneren auf dem Weg zum Osthafen passieren müssten. Man will Brücken heben, Uferwände verschieben, und an manchen Stellen, so in der Nähe des Reichstags, sind sogar die Kurven der Spree zu eng. Auch hier soll städtebauliche Chirurgie für Abhilfe sorgen, völlig unbekümmert darum, dass die Summe solcher Eingriffe die ganze Stadtspree und damit einen der ausdruckvollsten und charakteristischsten Bereiche der Stadt zerstören würde. Und das für ein Verkehrssystem, von dem Fachleute, allerdings leider bisher nur hinter vorgehaltener Hand, vermuten, am Ende des Jahrhunderts, wenn der ihm zuliebe vorgenommene Stadtumbau abgeschlossen sei, werde man die Europaschiffe als technische Dinosaurier ausmustern und durch kleinteiligere und flexiblere Systeme ersetzen, die auch mit den komplexeren Strukturen der Stadtspree zurechtkämen – vorausgesetzt, es gäbe diese noch.

Nach den derzeit gültigen Rentabilitätsrechnungen ist auch der grösste im Zusammenhang erhaltene Industriestandort Berlins, der in Oberschöneweide, in vielen Teilen obsolet[14]. Die Bauten von Peter Behrens, ein Autowerk (Abb. 19) und eine Arbeitersiedlung, beide 1915 konzipiert, sind durch den Ruhm des Architektennamens vermutlich einigermassen geschützt. Für die Werkhallen der zwanziger und frühen dreissiger Jahre

Abb. 19 Berlin-Oberschöneweide. Automobilwerk, Eingang. Peter Behrens. 1915.

(Abb. 20, 21, 22), die die Südseite der Wilhelminenhofstrasse säumen, ist solcher Schutz schon fraglicher, und noch fraglicher wird er bei den Wohnhäusern, die ihnen auf der anderen Strassenseite gegenüberstehen. Diese Häuser wiederum sind nur die Stirnfront eines ganzen Viertels, das gleichzeitig mit den Produktionsstätten entstand und zusammen mit diesen essentieller Teil des Gesamtdenkmals Oberschöneweide ist, zu dem als wesentliches drittes Element die technischen Anlagen am Spreeufer treten, mit denen das Gebiet Anschluss findet an den gesamtstädtischen und überregionalen Güterverkehr. Schon der Stadtplan (Abb. 23) lässt erkennen, wie eng, zugleich aber auch weiträumig die Verflechtungen sind. Erst ein Ortstermin aber macht klar, wie dicht und unmittelbar sie sich präsentieren. Die Verschränkung einzelner Bauten (Abb. 24), reizvoller Ensembles herkömmlicher Art und eindrucksvoller grossräumiger Strukturen in authentischer und derzeit noch so gut wie lückenloser Erhaltung muss jeden beeindrucken, der die Fahrt nach Oberschöneweide nicht scheut. Die dortige Industrielandschaft ist für die Industriestadt Berlin nicht weni-

Abb. 20 (oben) Berlin-Oberschöneweide. Wilhelminenhofstrasse, Grosstransformatorenhalle. 1928/29.

Abb. 21 Berlin-Oberschöneweide. Blick von der Wilhelminenhofstrasse in das Transformatorenwerk.

ger charakteristisch – und nicht weniger wichtig – als die Museumsinsel für Spree-Athen. Beide stehen für prägende Phasen der Berliner Geschichte, und beide sind, auch in ihrer Gegensätzlichkeit, unverzichtbare Teile einer Flusslandschaft, die in Berlin nicht nur ein blauer Streifen auf dem Stadtplan ist, sondern ein überaus faszinierender Stadtraum, der sich freilich nicht auf einen Blick, sondern nur sukzessive erschliesst und dessen spezifisch grossstädtische Schönheit deshalb für viele erst noch zu entdecken ist[15].

Ein adäquater denkmalpflegerischer Umgang mit derartigen Gebieten und Situationen ist konzeptionell wie praktisch ausserordentlich schwierig und so gut wie unerprobt. Erste Ansätze gibt es im Rahmen der Internationalen Bauausstellung Emscherpark im Ruhrgebiet, und auch die Erfahrungen der behutsamen Stadterneuerung von Berlin sind zu nutzen[16]. Pilotprojekte wären nötig, innerhalb derer an Industriestrukturen die Kooperation von Denkmalpflege und behutsamer Stadterneuerung planerisch erprobt und weiterentwickelt werden könnte. Da verantwortliche Entscheidungen, gleichgültig, ob für Abriss, Erhaltung oder Weiterbauen, präzise Kenntnis voraussetzen, müsste zudem die denkmaltopographische Inventarisation der Berliner Industriezonen rapide beschleunigt werden. Politisch (und Politik ist nicht nur eine Sache der Politiker) wäre zu vermitteln, dass die denkmalverträglichen Lösungen oft auch die sozial verträglichsten sind, weshalb ökonomische Abstriche heute, langfristig und volkswirtschaftlich, nicht nur betriebswirtschaftlich betrachtet, durchaus auch eine vernünftige Investition darstellen können.

Abb. 22 Berlin-Oberschöneweide. Blick von der Wilhelminenhofstrasse in das Kabelwerk Oberspree.

Abb. 23 Berlin-Niederschöneweide (westlich der Spree) und Berlin-Oberschöneweide (östlich der Spree), Industrieanlagen dunkel angelegt.

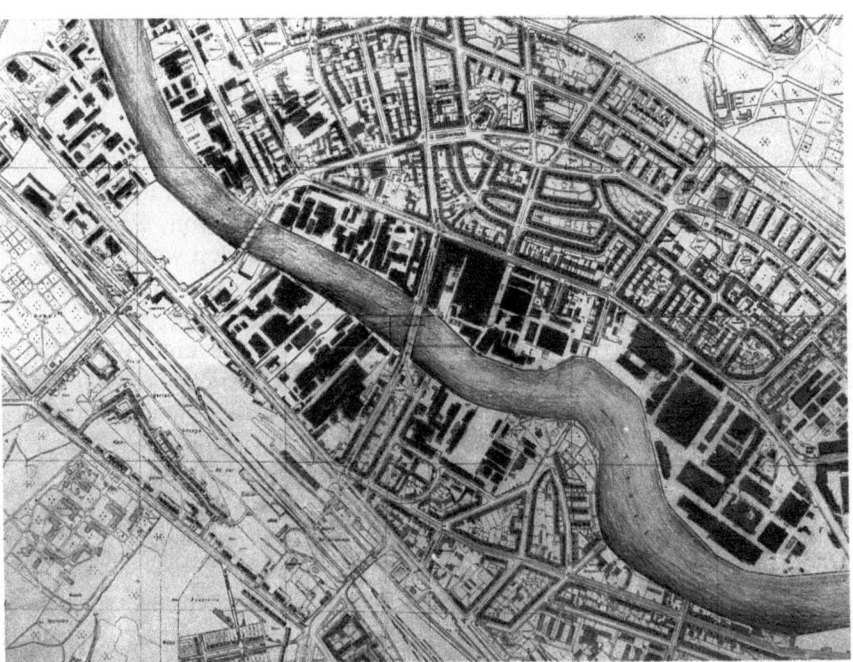

Abb. 24 Berlin-Oberschöneweide. St. Antonius. 1905.

VI

Nicht wenige der zu lösenden Probleme entziehen sich dem Einflussbereich und auch der fachlichen Kompetenz der Denkmalpflege. Aber das entlässt sie nicht aus ihrer Verantwortung, und für einiges ist sie auch ganz unmittelbar zuständig. Der Denkmale wegen müsste sie zum Beispiel versuchen, Partnerin für eine Stadtplanung zu werden, die in Fällen wie Oberschöneweide eine positive Herausforderung sieht. Aber dafür müssten die Anwälte der Denkmale die Denkmalwerte solcher Gebiete überzeugender erklären können als bisher und auch der Forderung nach Denkmalverträglichkeit der Planung mehr Inhalt und Kontur geben als ihr derzeit eigen ist. Sie müsste zudem in die Lage kommen, präziser als bisher zu erläutern
- dass Denkmalwerte unabdingbar an originale Substanz am originalen Ort und die Spuren der realen Geschichte gebunden sind;
- dass es beim Denkmalschutz nicht um Gestaltung geht, sondern um Geschichte;
- dass die Denkmale der Gegenwart nicht zur beliebigen Verfügung stehen;
- dass auch die Zukunft ein Recht auf authentisch überlieferte Denkmale hat, weshalb das Verhältnis zu diesen nur ein treuhänderisches sein darf; und dass – dies vor allem –
- Bauten und Zusammenhänge, die Denkmalwert gewonnen haben, nicht aus der Geschichte aus – sondern in neuer Weise in sie eintreten.

Aber nicht nur operative Argumentationen bedürfen der Überprüfung, sondern auch kategoriale Prämissen. Die Berliner Debatten der letzten beiden Jahre haben immer wieder gezeigt, wie fragwürdig und kontraproduktiv es letztenendes ist, beim Werben für den Denkmalschutz auch da von Geschlossenheit, von Ganzheit, von organischer Entwicklung und dergleichen zu sprechen, wo schon der Augenschein und die historische Wahrscheinlichkeit solche Interpretationen Lügen strafen. Der Fachwelt wie dem Publikum sind solche Kategorien allerdings meist noch so selbstverständlich, dass es einer eigenen Anstrengung bedarf, sich die Gefährlichkeit klarzumachen, die sie spätestens dann gewinnen, wenn sie stillschweigend zur Norm hypostasiert werden und damit alles, was ihnen nicht entspricht, zwangsläufig als defizitär erscheinen muss.

Die Denkmale, so scheint mir, verlangen nicht nur von den Planern, sondern auch von den Denkmalschützern ein Denken,
- das sich nicht zum Sklaven höchst vergänglicher Leitbilder, Geschichts-

träume und Schönheitsvorstellungen macht, etwa der, dass eine Stadt immer ein Kunstwerk im akademischen Sinne zu sein habe und nicht auch – wie Berlin – aus Komplexitäten, Widersprüchen, Brüchen, Kollisionen und Verwerfungen ihre Identität beziehen könnte;
- das beim Blick in die Zukunft von der sozialen, geschichtlichen und baulichen Wirklichkeit der Stadt ausginge und nicht von idealtypischen Vorstellungen und rückwärts gewandten Utopien davon, was die Stadt eigentlich war oder hätte werden können oder werden wollen sollen;
- das planerisch wie denkmalpflegerisch dem «grossen Wurf», der die Probleme ein für alle Male löst, selbstkritisch misstraute.

Es kann nicht Aufgabe der Denkmalpflege sein, wie eine Wetterfahne jedem Windstoss des Zeitgeistes nachzugeben. Aufmerksamkeit aber muss kein Schaden sein, wenn in den stadtplanerischen Diskussionen der letzten Jahre weniger von der Stadt als Kunstwerk die Rede ist als von der Stadt als Archipel, von der Stadt als Collage oder der Stadt als patchwork, alles Konzepte, in denen zumindest gedanklich Freiräume für eine Koexistenz des Alten mit dem Neuen auftauchen, die man vor zwanzig Jahren noch vergeblich gesucht hätte. Die Mahnung, die Hardt Waltherr Hämer, der Kopf der behutsamen Stadterneuerung von Berlin, seinen planenden Kollegen ins Stammbuch schrieb, gilt auch für die Denkmalpflege: «Nicht die Unzulänglichkeiten und die partielle Unordnung des Vorhandenen sind das Problem, sondern die Idealentwürfe, die geplanten Endzustände.»[17]

Anmerkungen

¹ Der vorliegende Text hat den Charakter eines Werkstattberichtes, der ohne Anspruch auf Vollständigkeit und Systematik von einigen Erfahrungen berichtet, die ich in den letzten Jahren bei den Versuchen machen konnte, auch ungeliebten Denkmalen Beachtung zu verschaffen.
Der Text überschneidet sich partienweise mit dem Referat, das ich im Juli 1992 auf dem Internationalen Kunsthistorikertag in Berlin gehalten habe. Grundlage sind meine Beiträge zu den Publikationen: HUSE, NORBERT (Hrsg.). Verloren, gefährdet, geschützt. Baudenkmale in Berlin. Berlin 1988 und: SIEVERTS, THOMAS (Hrsg.). Zukunftsaufgaben der Stadtplanung. Düsseldorf 1990.
² BRECHT, BERTOLT. Gedichte. Band 1. Frankfurt/Main 1960, S. 149.
³ Zur Diskussion über die Wettbewerbsergebnisse vgl.: Jahrbuch 5, Bayerische Akademie der Schönen Künste, München 1991, S. 101–129.
⁴ Vgl. dazu: NERDINGER, WINFRIED (Hrsg.). Aufbauzeit. Planen und Bauen in München 1945–1950. München 1984, S. 112.
⁵ Tilmann Breuer, der derzeit bedeutendste Theoretiker der deutschen Denkmalpflege, nennt als fundamentale Aufgabe der Denkmalkunde, «ein Bewusstsein dafür zu erwecken und zu beleben, dass jedes Zeugnis einer in der Vergangenheit erbrachten menschlichen Leistung von Rang und damit von allgemeiner Bedeutung Anspruch darauf hat, als Denkmal gewürdigt zu werden.» (BREUER, TILMANN. Ensemble – Ein Begriff gegenwärtiger Denkmalkunde und die Hypotheken seines Ursprungs: In: Mörsch, Georg; Strobel, Richard (Hrsg.). Die Denkmalpflege als Plage und Frage. Festgabe für August Gebessler. München 1989. S. 38–52, S. 38).
⁶ WOLTERS, WOLFGANG. Die ehemalige italienische Botschaft im Tiergarten. In: Huse (1988), wie Anm. 1, S. 305–309, S. 305. Zum Botschaftsviertel vgl.: REICHHARDT, HANS J.; SCHÄCHLE, WOLFGANG (Hrsg.). Von Berlin nach Germania. Über die Zerstörungen der Reichshauptstadt durch Albert Speers Neuplanungen. Berlin 1986.

⁷ Vgl. HOFFMANN-AXTHELM, DIETER. Wie kommt die Geschichte ins Entwerfen? Aufsätze zu Architektur und Stadt. Braunschweig/Wiesbaden 1987, S. 143: «Auch die Zerstörung ist Stadtgeschichte. Man darf – und man kann es dann auch gar nicht – eine Stadt nicht so aufbauen, als sei nichts gewesen, genauer, man kann diese Stadt Berlin, die dreizehn Jahre lang Hauptstadt des Faschismus war, Kommandozentrale einer Armee, die ganz Europa überfiel und Sitz einer Terrororganisation, die viele Millionen Menschen, Juden, Widerstandskämpfer, Sozialisten, Geisteskranke, Homosexuelle, gefoltert, vergast, erschossen, zum Verhungern gebracht hat, nicht einfach wiederaufbauen, als sei es irgendeine Stadt, als hätte es ein Erdbeben gegeben, das Anlass war, mit Gott zu hadern wie 1753, nicht aber mit diesem wiederaufbauenden Volk, dieser nicht von der Erde verschwundenen Stadt. Wenn es Stadtgeschichte geben soll – wir haben keine andere. Wir haben historische Bauten nur durch die Zerstörung hindurch und eine Stadtgeschichte, in der die Lebensverhältnisse der Menschen periodisch durch Verfolgung, Strassenschlachten, Massenmord, Krieg und Hunger zerstört wurden.»
⁸ Einen Einblick in die heftigen Diskussionen geben die Quellen bei: GEIST, JOHANN FRIEDRICH; KÜRVERS, KLAUS. Das Berliner Mietshaus 1945–1989. München 1989, S. 328–335.
⁹ BODENSCHATZ, HARALD. Platz für das neue Berlin! Geschichte der Stadterneuerung seit 1871. Berlin 1989, S. 165.
¹⁰ FLIERL, BRUNO. Zur sozialistischen Architekturentwicklung in der DDR. Theoretische Probleme und Analysen der Praxis. Berlin 1979 (Bauakademie der DDR. Institut für Städtebau und Architektur), S. 84.
¹¹ FLIERL, wie Anmerkung 10, S. 145.
¹² Vgl. dazu den Beitrag von Christine Hoh-Slodcyk über Berlin-Mitte, der in den Akten des Internationalen Kunsthistorikertages Berlin 1992 erscheinen wird. Von derselben Autorin vgl. den Beitrag über das Zentrum des westlichen Berlin: HOH-SLODCYK, CHRISTINE. Der Berliner City-Betrieb als Herausforderung für den Denkmalschutz. In: Durth, Werner; Gutschow, Niels (Hrsg.). Architektur und Städtebau der fünfziger Jahre. Bonn 1990 (Schriftenreihe des Deutschen Nationalkomitees für Denkmalschutz, Band 41), S. 134–143.
¹³ Vgl. KLOSS, KLAUS-PETER. Zur Erhaltungsproblematik von Denkmalen der Industrie und Technik. In: Huse (1988), wie Anm. 1, S. 124–135.
¹⁴ Eine kurze Einführung gibt: REISS, HERLINDE. Berlin-Oberschöneweide: Rathenaus Industrie hat sich ihre Zukunft verbaut. In: Helms, Hans G. (Hrsg.). Die Stadt als Gabentisch. Beobachtungen zur aktuellen Städtebauentwicklung. Leipzig 1992, S. 563–574.
¹⁵ Auch hier ist das von Tilmann Breuer entwickelte Konzept der «Denkmallandschaft» von Bedeutung, das auf die ebenfalls von der Industrie entscheidend mitgeprägten Spreebögen in der Berliner Innenstadt übertragen wurde bei: HOH-SLODCYK; CHRISTINE. Grossstädtische Denkmallandschaften. In: Huse (1988), wie Anm. 1, S. 80–89, S. 84 ff.
¹⁶ Vgl. zum Beispiel: EICHSTÄDT, WULF. Die Grundsätze der behutsamen Stadterneuerung. In: Hämer, Hardt-Waltherr; Kleihues, Paul (Hrsg.). Idee, Prozess, Ergebnis. Die Reparatur und Rekonstruktion der Stadt. Berlin 1987, S. 111–113, und: ZLONICKY, PETER. Über den schwierigen Umgang mit sperrigen Gütern. In: Stadtbauwelt 110, 1991, S. 1270–1276.
¹⁷ HÄMER, HARDT WALTHERR. Vorwort. In: Becker, Christine u. a. (Hrsg.). Weichenstellungen. Geschichte und Zukunft der Lehrter Strasse. Berlin 1991, S. 5

Abbildungsnachweis

Abb. 7: Knut Petersen, Berlin.
Alle anderen Abbildungen entstammen dem Archiv des Verfassers.

Ausgewählte Literatur

Bauaufnahme. Befunderhebung und Schadensanalyse an historischen Bauwerken. (Arbeitshefte des Sonderforschungsbereiches 315 «Erhalten historisch bedeutsamer Bauwerke» Universität Karlsruhe 1988, Nr. 8).

Das Baudenkmal und seine Ausstattung. Substanzerhaltung in der Denkmalpflege. Bonn 1986 (Schriftenreihe des Deutschen Nationalkomitees für Denkmalschutz, 31).

Das Baudenkmal in der Hand des Architekten. Umgang mit historischer Bausubstanz. Bonn 1988 (Schriftenreihe des Deutschen Nationalkomitees für Denkmalschutz, 37).

Bauwerksdiagnostik. Beurteilung des Tragverhaltens bei historischem Mauerwerk. (Arbeitshefte des Sonderforschungsbereiches 315 «Erhalten historisch bedeutsamer Bauwerke» Universität Karlsruhe 1990, Sonderheft).

BINGENHEIMER, KLAUS; HÄDLER, EMIL. Bauforschung und sanierungsbegleitende Gebäudeuntersuchung – eine freiberufliche Perspektive? (Deutsche Kunst und Denkmalpflege 1986, Nr. 2, S. 203 – 208).

BINGENHEIMER, KLAUS; HÄDLER, EMIL. Thesen zur Sprachlosigkeit zwischen Architekten und Denkmalpflegern. (Der Architekt 1987, Nr. 6).

BINGENHEIMER, KLAUS; HÄDLER, EMIL. Tragwerksplanung und verformungsgetreues Bauaufmass – Anwendungspraxis eines angeblich aufwendigen Verfahrens. (das bauzentrum 1990, Sonderheft Denkmalpflege).

CRAMER, JOHANNES. Handbuch der Bauaufnahme. Stuttgart 1984.

CRAMER, JOHANNES (HG.). Bauforschung und Denkmalpflege. Umgang mit historischer Bausubstanz. Stuttgart 1987.

CRAMER, JOHANNES. Bauarchäologie und Entwerfen im profanen Baudenkmal. (Bauwelt 1988, Nr. 33, S. 1350 – 1358).

Farbige Architektur. Regensburger Häuser – Bauforschung und Dokumentation. München 1984 (Arbeitsheft, Bayerisches Landesamt für Denkmalpflege, 21).

HUBEL, ACHIM (HG.). Bauforschung und Denkmalpflege. Dokumentation der Jahrestagung 1987 in Bamberg. Arbeitskreis Theorie und Lehre der Denkmalpflege e.V. Bamberg 1989.

HUBERT, JEAN. Archéologie médiévale. L'histoire et ses méthodes. Paris 1961 (Encyclopédie de la Pléiade, 11), S. 1227 – 1228).

HUSE, NORBERT. Moderne Architektur und Denkmalschutz – Konvergenzen und Konflikte. (Das Baudenkmal in der Hand des Architekten. Umgang mit historischer Bausubstanz. Bonn 1988 (Schriftenreihe des Deutschen Nationalkomitees für Denkmalschutz, 37), S. 40 – 44).

HUSE, NORBERT (Hg.). Denkmalpflege. Texte aus drei Jahrhunderten. München 1984.

HUSE, NORBERT. Denkmalschutz. (THOMAS SIEVERTS (HG.). Zukunftsaufgaben der Stadtplanung. Düsseldorf 1990, S. 85 – 101).

Konzeptionen. Möglichkeiten und Grenzen denkmalpflegerischer Massnahmen. (Arbeitshefte des Sonderforschungsbereiches 315 «Erhalten historisch bedeutsamer Bauwerke» Universität Karlsruhe 1989, Nr. 9).

MADER, GERT THOMAS. Angewandte historische Bauforschung bei Massnahmen nach Städtebauförderungsgesetz. (Jahrbuch der Bayerischen Denkmalpflege 31, 1977, S. 151 – 164).

MADER, GERT THOMAS. Angewandte Bauforschung als Planungshilfe bei der Denkmalinstandsetzung. (Erfassen und Dokumentieren im Denkmalschutz. Bonn 1982 (Schriftenreihe des Deutschen Nationalkomitees für Denkmalschutz, 16) S. 37 – 53).

MADER, GERT THOMAS. Die Praxis des Umgangs mit Baudenkmälern und ihrer Ausstattung. (Das Baudenkmal und seine Ausstattung. Substanzerhaltung in der Denkmalpflege. Bonn 1986 (Schriftenreihe des Deutschen Nationalkomitees für Denkmalschutz, 31), S. 39 – 59).

MADER, GERT THOMAS. Bauaufnahme als Forschungsmethode und Bestandsdokumentation des Denkmalpflegers. (Arbeitshefte des Sonderforschungsbereiches 315 «Erhalten historisch bedeutsamer Bauwerke» Universität Karlsruhe 1987, Nr. 7, S. 44 – 70).

MADER, GERT THOMAS. Bauuntersuchung historischer Holzkonstruktionen. (Arbeitshefte des Sonderforschungsbereiches 315 «Erhalten historisch bedeutsamer Bauwerke» Universität Karlsruhe 1988, Nr. 8, S. 36 – 57).

MADER, GERT THOMAS. Aus- und Fortbildung von Architekten für Aufgaben der Denkmalpflege. (Das Baudenkmal in der Hand des Architekten. Umgang mit historischer Bausubstanz. Bonn 1988 (Schriftenreihe des Deutschen Nationalkomitees für Denkmalschutz, 37), S. 57 – 69).

MADER, GERT THOMAS. Zur Frage der denkmalpflegerischen Konzeption bei technischen Sicherungsmassnahmen. (Arbeitshefte des Sonderforschungsbereiches 315 «Erhalten historisch bedeutsamer Bauwerke» Universität Karlsruhe 1989, Nr. 9, S. 23 – 52).

MAGERL, ARNULF. Bauaufnahme in der Praxis des freien Architekten: Wissenschaftliche, technische und wirtschaftliche Ergebnisse. (Erfassen und Dokumentieren im Denkmalschutz. Bonn 1982 (Schriftenreihe des Deutschen Nationalkomitees für Denkmalschutz, 16), S. 54 – 61).

MAIER, FRANZ GEORG. Von Winkelmann zu Schliemann – Archäologie als Eroberungswissenschaft des 19. Jahrhunderts (Gerda Henkel Vorlesung). Hrsg. von der gemeinsamen Kommission der Rheinisch-Westfälischen Akademie der Wissenschaften und der Gerda Henkel Stiftung. Opladen 1992.

POTRATZ, JOHANNES A. H. Einführung in die Archäologie. Stuttgart 1962.

SCHIRMER, WULF. Bauforschung an den Instituten für Baugeschichte der Technischen Hochschulen. (CRAMER, JOHANNES (HG.). Bauforschung und Denkmalpflege. Umgang mit historischer Bausubstanz. Stuttgart 1987, S. 25 – 29).

SCHMIDT, WOLF. Die Erhaltung historischer Bauten und ihre Rahmenbedingungen. (Arbeitshefte des Sonderforschungsbereiches 315 «Erhalten historisch bedeutsamer Bauwerke» Universität Karlsruhe 1989, Nr. 9, S. 63 – 92).

SCHMIDT, WOLF. Das Raumbuch. (Arbeitshefte des Sonderforschungsbereiches 315 «Erhalten historisch bedeutsamer Bauwerke» Universität Karlsruhe 1988, Nr. 8, S. 102 – 126).

SCHMIDT, WOLF. Das Raumbuch. München 1989 (Arbeitsheft, Bayerisches Landesamt für Denkmalpflege, 44).

SCHULLER, MANFRED. Bauforschung. (Der Dom zu Regensburg – Ausgrabungen, Restaurierung, Forschung. (Ausstellungskatalog) München; Zürich 1989, S. 168 – 223).

SENNHAUSER, HANS RUDOLF. Archäologie und Denkmalpflege. (Bündner Monatsblatt 1990, Nr. 6, S. 409 – 417).

WANGERIN, GERDA. Bauaufnahme. Grundlagen, Methoden, Darstellung. Braunschweig 1986.

WINTERFELD, DETHARD VON. Befundsicherung an Architektur. (HANS BELTING U.A.(HG.). Kunstgeschichte. Eine Einführung. Berlin 1988, S. 88 – 116).

MIX
Papier aus verantwortungsvollen Quellen
Paper from responsible sources
FSC® C105338

If you have any concerns about our products,
you can contact us on
ProductSafety@springernature.com

In case Publisher is established outside the EU,
the EU authorized representative is:
Springer Nature Customer Service Center GmbH
Europaplatz 3, 69115 Heidelberg, Germany

Printed by Libri Plureos GmbH
in Hamburg, Germany